职业教育校企合作“互联网+”新形态教材

工业机器人应用基础

主　编　韩　智　李国勇　易正贵
副主编　朱桂玲　赵　露　鲍文海
参　编　宋　鑫　周志文　程敏丹
　　　　龚淋鸿　黄盛威　黄云龙

机 械 工 业 出 版 社

本书遵照“工学结合、产教融合、教学做一体化”的培养模式，依据以具体工作任务为载体、职业能力循序渐进的工学交替人才培养模式开发而成。本书主要内容包括认知工业机器人、典型工业机器人系统、工业机器人坐标系基础、工业机器人的其他基本操作、工业机器人的维护与保养、RobotStudio软件基础、ABB 工业机器人编程基础、ABB 工业机器人程序数据基础、ABB工业机器人常用指令应用、典型工作站应用基础、典型应用实训——码垛与涂胶等。本书内容由浅入深、仿真与实操结合、通俗易懂，突出基础性能力培养。

本书适合作为职业院校工业机器人、机电技术、电气运行等自动化类相关专业的教材，也可作为工业机器人相关基础培训的教材。

为方便教学，本书配有电子教案、PPT 课件、模拟仿真实训与动画素材（二维码形式）等资源，选择本书作为授课教材的教师可登录 www.cmpedu.com注册并免费下载。

图书在版编目（CIP）数据

工业机器人应用基础 / 韩智，李国勇，易正贵主编 . —北京：机械工业出版社，2023.10

职业教育校企合作“互联网 +”新形态教材

ISBN 978-7-111-73915-9

Ⅰ . ①工… Ⅱ . ①韩… ②李… ③易… Ⅲ . ①工业机器人 – 高等职业教育 – 教材 Ⅳ . ① TP242.2

中国国家版本馆 CIP 数据核字（2023）第 178353 号

机械工业出版社（北京市百万庄大街 22 号 邮政编码 100037）

策划编辑：赵红梅　　责任编辑：赵红梅　韩　静

责任校对：牟丽英　张昕妍　韩雪清　　封面设计：张　静

责任印制：常天培

固安县铭成印刷有限公司印刷

2024 年 1 月第 1 版第 1 次印刷

184mm×260mm · 10.5 印张 · 251 千字

标准书号：ISBN 978-7-111-73915-9

定价：37.00 元

电话服务　　网络服务

客服电话：010-88361066　　机 工 官 网：www.cmpbook.com

010-88379833　　机 工 官 博：weibo.com/cmp1952

010-68326294　　金 书 网：www.golden-book.com

 机工教育服务网：www.cmpedu.com

前言

为顺利推进职业院校资源库共建共享以及“互联网 +”立体化教材建设，全国机械职业教育教学指导委员会组织相关院校开发了“职业教育校企合作‘互联网 +’新形态教材”系列，本书是系列教材之一。

教材特色与适用对象

1. 零基础学习工业机器人，适用于初级入门学生

为适应职业院校学生的学习基础，结合工业机器人职业技能等级标准，立足多年一线工业机器人教学经验，开发了本书。本书突出零基础起点，避免过深偏难内容，做好循序渐进内容安排，以适应职业院校特别是中职学生的职业技能学习特点。

2. 突出职业素质培养，体现工匠精神培育特点

本书内容都可以通过仿真实训室、实体工作站来开展相关实训，其操作步骤通过截图方式，标注序号，依序介绍，方便学生自主学习。技能点的选择在突出基础性的同时，结合了技能标准中的要点，如工件坐标系的标定、典型应用——码垛等。每个技能单元的最后都开发了“赛一赛”环节，提供评价标准，方便学生认知技能标准、教师开展教学评价，增加了教学中的趣味性和竞争性。特别是在工业机器人的维护与保养单元，强化了典型工作岗位的职责介绍，实现学习内容与岗位技能要求对接。

3. 仿真模拟与工作站实训融合，克服实训条件不足的制约

本书以 ABB 工业机器人系统为核心开展教材组织，充分发挥 RobotStudio 软件强大的仿真能力，开发了相关仿真操作实训内容。为满足“1+X”职业技能等级培训的要求，适应当前社会化人才评价趋势，在技能点的选择上也参考和引入了华航唯实公司的实训平台。

4. 以学生技能习得规律为指引，好教易学

考虑到职业院校学生的实际情况，本书降低了理论知识的要求，突出了实操技能训练，如坐标系标定中，采用平直的知识与技能介绍，让学生掌握“如何做”“怎样做”的操作能力，而避免过多的理论讲述。针对职业院校学生理论学习能力现状，全面避开烦琐的理论讲授，特别是避免一味地讲述一些生涩的技术文档，本书有意识地通过“练一

练”环节，培养学生检索资料的能力，同时培养学生的技术素养，来解决“为什么这样做”“怎样做得更好”的问题。

建议学时方案

完成本书全部内容学习需76学时，每周4学时，一学期内完成，建议以理实一体化方式组织教学，各单元教学学时安排可参考表1。各专业根据选学内容的不同，可适当调整学时数，特别是典型应用模块，实训平台提供多项实训项目，选择丰富，可拓展性强。

表1　教学学时建议

内容		建议学时	内容		建议学时
模块一	认知工业机器人	1	模块二	ABB 工业机器人编程基础	10
	典型工业机器人系统	2		ABB 工业机器人程序数据基础	14
	工业机器人坐标系基础	12		ABB 工业机器人常用指令应用	6
	工业机器人的其他基本操作	6	模块三	典型工作站应用基础	2
	工业机器人的维护与保养	1		典型应用实训——码垛	10
模块二	RobotStudio 软件基础	4		典型应用实训——涂胶	8

教学解决方案

为适应“互联网＋职业教育”的新要求，本书配套了丰富的立体化教学资源，包括电子教案、PPT课件、教学动画与仿真实训素材。在东北师大理想软件股份有限公司提供的教学云平台“立体书城”，还提供资源库、智能题库、在线课堂等支撑，教师与学生可通过微信“扫一扫”功能随时随地获取学习内容与素材，享受立体化学习体验。

本书由湖北省宜昌市机电工程学校韩智、易正贵，广西河池市职业教育中心学校李国勇任主编，湖北省宜昌市机电工程学校朱桂玲、赵露与广西河池市职业教育中心学校鲍文海担任副主编，参与编写的还有广西河池市职业教育中心学校龚淋鸿、黄盛威、黄云龙，湖北省宜昌市机电工程学校宋鑫、程敏丹，以及武汉市机电工程学校周志文。本书在编写过程中，得到了北京华航唯实公司的大力支持，许多领域专家、职教同仁都对本书提出了宝贵意见，在此一并致以诚挚的感谢！

由于编者水平有限，书中难免存在不足与疏漏，恳请广大读者批评指正，以便进一步完善教材。读者意见请反馈邮箱：hz026070@163.com。

编　者

二维码索引

页码	名称	二维码	页码	名称	二维码
9	ABB 工业机器人介绍		25	单轴运动的手动操作	
9	工业机器人的系统组成		27	线性运动的手动操作	
11	机器人控制柜的组成		29	重定位运动	
14	工业机器人系统的开关机和重启		31	定义工件坐标系	
16	初识 ABB 示教器		34	定义工具坐标系	
17	示教器的基本操作		34	工具数据 tooldata 设定	
18	示教器的语言切换		38	TCP 测量 mass 值	
22	坐标系的定义及机器人坐标系的分类		42	机器人转速计数器的更新	

（续）

页码	名称	二维码	页码	名称	二维码
46	通过示教器查看机器人常用信息与事件日志		119	添加 Offs 指令操作	
57	机器人使用过程中的安全规范		120	运动指令的使用示例	
67	机器人在线编程概述		121	添加 Set 与 Reset 指令操作	
67	工业机器人的编程方式		123	添加 IF 条件判断指令操作	
88	机械手回原点		143	安装关节式工业机器人气动手爪	
111	添加常量赋值指令		144	法兰气路的连接	
113	添加带数学表达式的赋值指令操作		144	快换装置信号的添加	
116	添加线性运动指令 MoveL 指令操作		144	快换信号的调试	
116	关节运动指令 MoveJ 和线性运动指令 MoveL 的特性分析		149	工业机器人码垛演示	
116	添加圆弧运动指令 MoveC 指令操作				

目录

前言
二维码索引
模块一　工业机器人硬件基础 …… 1
单元一　认知工业机器人 …… 1
单元二　典型工业机器人系统 …… 8
单元三　工业机器人坐标系基础 …… 21
单元四　工业机器人的其他基本操作 …… 41
单元五　工业机器人的维护与保养 …… 56
模块二　工业机器人软件基础 …… 66
单元一　RobotStudio 软件基础 …… 66
单元二　ABB 工业机器人编程基础 …… 83
单元三　ABB 工业机器人程序数据基础 …… 96
单元四　ABB 工业机器人常用指令应用 …… 110
模块三　工业机器人的典型应用实训 …… 129
单元一　典型工作站应用基础 …… 129
单元二　典型应用实训——码垛 …… 139
单元三　典型应用实训——涂胶 …… 152
参考文献 …… 160

模块一

工业机器人硬件基础

单元一　认知工业机器人

知识与技能

1. 初步认知工业机器人；
2. 了解工业机器人的类型及主要应用。

过程与方法

1. 参观学校实训室，直观认识工业机器人；
2. 查阅资料，了解中国工业机器人的应用现状。

情感与态度

1. 查阅资料，了解学校实训室工业机器人的品牌情况；
2. 查阅资料，了解本省、本地区工业机器人产业应用情况。

一、什么是工业机器人?

当前，工业机器人的定义还没有一个得到公认的、统一的版本，主要是因为工业机器人技术在不断发展，且发展非常迅速。另一个原因就是机器人的定义涉及人的概念，已上升为一个哲学问题，在可预期的未来，还可能面临伦理问题，所以其定义一直存在争议。

国际上对工业机器人的定义很多，为方便起见，下面给大家介绍三种具有一定代表性的定义。

国际标准化组织（ISO）的定义：工业机器人是一种能自动控制，可重复编程，多功能、多自由度的操作机，能搬运材料、工件或操持工具来完成各种作业。

日本给出的定义：一种带有存储器件和末端操作器的通用机械，它能通过自动化的动作替代人类劳动。

中国给出的定义：一种自动化的机器，所不同的是这种机器具备一些与人或者生物相似的智能能力，如感知能力、规划能力、动作能力和协同能力，是一种具有高度灵活性的自动化机器。

广义地说，工业机器人是一种在计算机系统控制下的可编程的自动机器。它具有四个基本特征：

1）特定的机械机构。

2）通用性。

3）不同程度的智能。

4）独立性。

二、工业机器人的分类

机器人的类型根据应用领域或应用的侧重点不同，有多种分类方法。如按应用领域一般可将机器人分为工业机器人、农业机器人、家用机器人、医用机器人、服务型机器人、空间机器人、水下机器人、军用机器人、排险救灾机器人、教育教学机器人、娱乐机器人等。

工业自动化是推动中国制造转型升级，从“制造大国”向“制造强国”迈进的必由之路。工业机器人已成为现代制造生产过程中不可或缺的高度自动化装备。工业机器人常见的分类有如下几种：

1）按工业机器人的工业应用来划分：焊接工业机器人、装配工业机器人、喷涂工业机器人、机械加工工业机器人、搬运工业机器人等。

2）按工业机器人的输入程序及信息来划分：示教输入工业机器人、编程输入工业机器人等。

3）按工业机器人运动的坐标形式来划分：直角坐标型机器人、圆柱坐标型机器人、球面坐标型机器人、多关节坐标型机器人。

常见的六轴工业机器人就属于多关节坐标型机器人。

三、典型工业机器人介绍

工业机器人是集机械、电子、控制、传感、人工智能等多学科先进技术于一体的一种自动化装备，具有可编程、拟人化、通用性等特点，工业机器人的广泛应用，将人类从繁重、单一的劳动中解救出来，大大提高了工业生产系统的工作效率。典型的工业机器人有以下几种：

1. 直角坐标型机器人

如图 1-1 所示，直角坐标型机器人一般有 2 ～ 3 个运动自由度，每个运动自由度之间的空间夹角为直角，可自动控制、可重复编程，所有运动均按程序运行。一

图 1-1　直角坐标型机器人

般由控制系统、驱动系统、机械系统、操作工具等组成。具有灵活、多功能、可靠性好、速度快、精度高等特点，可以用于恶劣的环境，能连续工作，便于操作维修。

2. 平面关节型机器人

平面关节型机器人又称为 SCARA 型机器人，是圆柱坐标型工业机器人的一种形式，如图 1-2 所示。SCARA 机器人有三个旋转关节，其轴线相互平行，在平面内进行定位和定向；另一个关节是移动关节，用于完成末端器件垂直于平面的运动。具有精度高、有较大动作范围、结构轻便、响应速度快、负载较小的特点，主要用于电子、分拣等领域。

3. 并联机器人

并联机器人又称 Delta 机器人，属于高速、轻载的机器人，如图 1-3 所示。一般通过示教编程或视觉系统捕捉目标物体，由三个并联的伺服轴确定工具中心点（TCP）的空间位置，实现目标物体的运输、加工等操作。Delta 机器人主要应用于食品、药品和电子产品的加工、装配等。Delta 机器人以其重量轻、体积小、运动速度快、定位精确、成本低、效率高等特点，在市场上被广泛应用。

Delta 机器人是典型的空间三自由度并联机构。

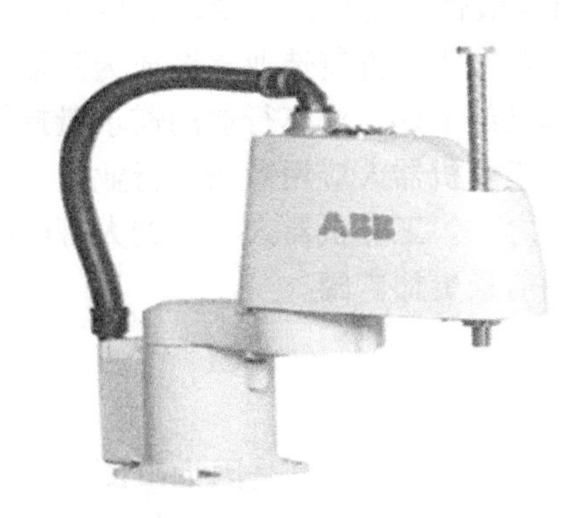

图 1-2　平面关节型机器人

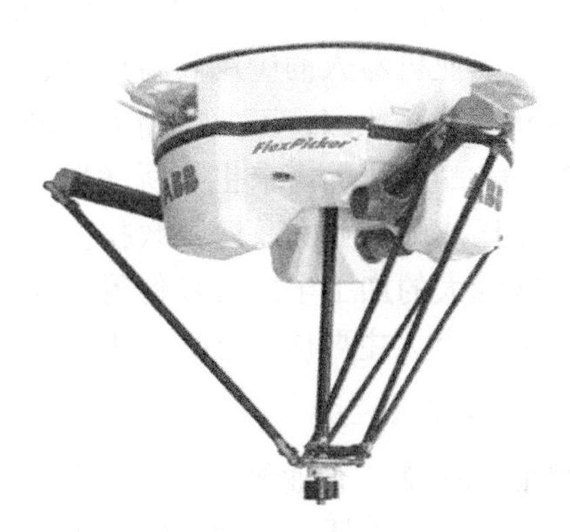

图 1-3　并联机器人

4. 串联机器人

串联机器人是一般意义上的工业机器人，一般拥有五个或六个旋转轴，如图 1-4 所示。应用领域有装货、卸货、喷漆、表面处理、测量、弧焊、点焊、包装、装配、切屑机床、固定、特种装配操作、锻造、铸造等。

串联机器人有很高的自由度，适合任何轨迹或角度的工作，可以自由编程，提高生产效率。可代替很多不适合人力完成、有害身体健康的复杂工作，比如汽车外壳点焊、金属部件打磨等。

5. 协作机器人

在传统的工业机器人逐渐取代单调、重复性高、危险性强的工作的同时，协作机器人（图 1-5）已慢慢渗入各个工业领域，与人共同工作，以满足对系统的柔性、灵活性和高精度的要求。随着工业自动化的发展，需要一种协助型的工业机器人来配合人完成工作任务，而协作机器人将引领一个全新的机器人与人协同工作时代的来临。协作机器人比传统工业机器人的全自动化工作站具有更好的柔性和成本优势。

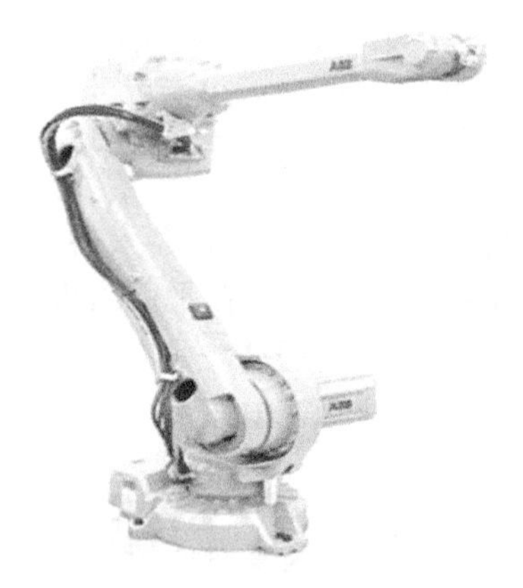

图 1-4　串联机器人

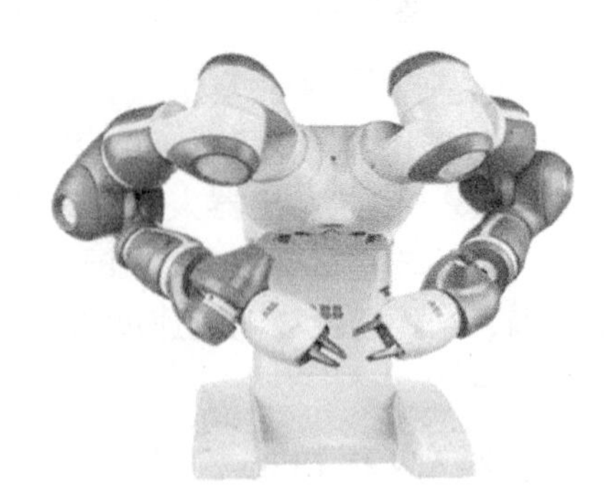
图 1-5　协作机器人

四、工业机器人的典型应用

工业机器人的典型应用包括焊接、喷涂、组装、采集和放置（例如包装、码垛和SMT）、产品检测和测试等，这些工作的完成都具有高效性、持久性、要求速度和准确性的特点。工业机器人的应用日益广泛，特别是汽车与汽车零部件制造业逐渐成为其最主要的应用领域。在亚洲，工业机器人大规模应用的时机已经成熟，汽车行业的需求量持续快速增长，食品行业的需求也有所增加，电子行业则是工业机器人应用最快的行业，工业机器人行业正成为受亚洲政府财政扶持的战略新兴产业之一。工业机器人市场的大幕已经拉开，中国庞大的加工生产市场使得工业机器人的应用前景更加广阔。

工业机器人主要应用在以下五大领域：

1. 机械加工应用

目前机械加工行业机器人应用量相对不高，只占大约 2%，大概是因为市面上有许多自动化设备可以胜任机械加工的任务。如图 1-6 所示，机械加工机器人主要从事应用的领域包括零件铸造、激光切割以及水射流切割等。

2. 机器人喷涂应用

机器人喷涂应用主要指的是涂装、点胶、喷漆等工作，大约 4% 的工业机器人从事喷涂的应用，如图 1-7 所示。

图 1-6　工业机器人应用于机床加工

图 1-7　工业机器人应用于喷涂领域

3. 机器人装配应用

如图 1-8 所示，装配机器人主要从事零部件的安装、拆卸以及修复等工作。由于近年来机器人传感器技术的飞速发展，促使机器人的应用变得越来越多样化，直接导致了机器人在装配应用中的比例出现下滑。

4. 机器人焊接应用

如图 1-9 所示，机器人焊接主要应用在汽车行业中使用的点焊和弧焊。虽然点焊机器人比弧焊机器人更受欢迎，但是弧焊机器人近年来发展势头十分迅猛。许多加工车间都逐步引入焊接机器人，用来实现自动化焊接作业。

图 1-8　工业机器人应用于装配领域

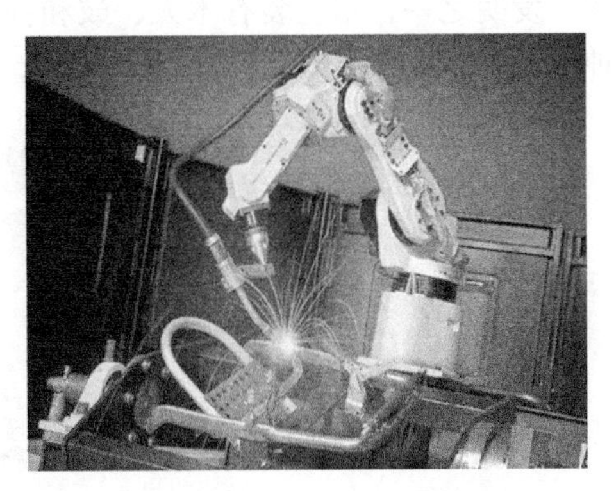

图 1-9　工业机器人应用于焊接领域

5. 机器人搬运应用

如图 1-10 所示，搬运仍然是机器人的第一大应用领域，约占机器人应用整体的 4 成左右。许多自动化生产线需要使用机器人进行上下料、搬运以及码垛等操作。近年来，随着协作机器人的兴起，搬运机器人的市场份额一直呈增长态势。

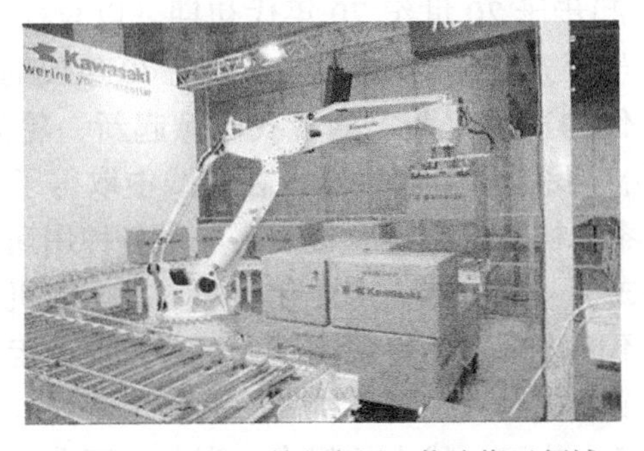

图 1-10　工业机器人应用于物流搬运领域

五、全球主要品牌介绍

全球工业机器人知名品牌有日本发那科（FANUC）、德国库卡（KUKA）、日本那智不二越（NACHI）、日本川崎、日本安川、瑞典 ABB、瑞士史陶比尔（Staubli）、意大利柯马（COMAU）、日本爱普生（DENSOEPSON）、中国新松（SIASUN）。中国是全球第一大工业机器人应用市场。

所谓的工业机器人四大家族：ABB（瑞典）、库卡（德国）、安川（日本）、发那科（日本），是目前主流工业机器人品牌。

六、我国机器人发展历程

机器人的理念在中国人的想象中早已存在3000多年了。在我国西周时代就流传着有关巧匠偃师献给周穆王一个艺伶（歌舞机器人）的故事。春秋时代的鲁班，利用竹子和木料制造出一个木鸟，它能在空中飞行，“三日不下”。东汉时期的张衡，发明了“候风地动仪”，还发明了测量路程用的“记里鼓车”。“记里鼓车”是最具代表性的中国古代“自动化”发明之一，车上装有木人、鼓和钟，每走1里（1里=500m），击鼓1次，每走10里钟鸣一声，奇妙无比，如图1-11所示。

图1-11　我国的记里鼓车

我国历史上有许多发明家的发明创造都与“自动”“借力”“机巧”等特征有关，也可谓与“机器人”相关。三国时期的诸葛亮既是一位军事家，又是一位发明家，他成功地创造出广为传颂的“木牛流马”，可以用来运送军用物资，被称为最早的“陆地军用机器人”。

我国现代工业机器人起步于20世纪70年代初期。以全面改革开放为分界点，前期大致经历了三个具有起步与探索特征的阶段：20世纪70年代的萌芽期、20世纪80年代的开发期和20世纪90年代的适用化期。随着我国掀起新一轮的经济体制改革和技术进步热潮，自21世纪初开始，我国的工业机器人在实践中取得了极大的进步，先后研制出了点焊、弧焊、装配、喷漆、切割、搬运、包装码垛等各种用途的工业机器人，并实施了一批机器人应用工程，形成了一批机器人产业化基地。在工业机器人研发与应用领域，群雄并起，工业机器人公司不断出现，使得我国工业机器人产业走上了快速发展的道路。但我们也要清醒地认识到，工业机器人控制系统的核心技术不在我们手中。依靠我们庞大的国内应用市场及科技工作者一代又一代人的努力，当前，工业机器人在控制系统、机床加工技术、系统集成等方面已取得了一些突破，为我国工业机器人产业的腾飞奠定了基础。具有代表性的国内工业机器人公司主要有以下几家。

1. 新松工业机器人

新松公司隶属于中国科学院，总部位于中国沈阳。以“中国机器人之父”——蒋新松之名命名，是一家以机器人独有技术为核心，致力于数字化智能高端装备制造的高科技上市企业。该公司的机器人产品线涵盖工业机器人、洁净（真空）机器人、移动机器人、

特种机器人及智能服务机器人五大系列，创造了中国机器人产业发展史上 88 项第一，是国际上机器人产品线最全厂商之一，也是国内机器人产业的领导性企业。

2. 华数工业机器人

华数机器人是华中数控股份有限公司旗下品牌，华中数控股份有限公司分别在佛山、重庆、深圳、东莞、宁波、苏州、泉州等地设有 9 家公司，在佛山、江苏、泉州、襄阳设有 4 个研究院，在研发投入上处于行业前列。华数机器人主营业务涉及工业机器人研发、生产与销售，各行业自动化生产解决方案等。

3. 广数工业机器人

广州数控设备有限公司（简称广州数控）成立于 1991 年。多年来，该公司专心致力于机床数控系统产业发展的研究与实践，专业提供机床数控系统、伺服驱动、伺服电动机“三位一体”成套解决方案，同时拓展工业机器人及全电动注塑机领域，已成为一家集科、教、工、贸于一体的高新技术企业，是国内最具规模的数控系统的研发生产基地。

此外，还有埃斯顿、埃夫特、富士康等民族工业机器人开发应用企业，在不断推动着我国工业机器人产业的发展。

练一练

1. 什么是工业机器人？它有哪些基本特征？
2. 工业机器人的主要应用领域有哪些？

任务单（表 1-1）

表 1-1　单元学习任务单

学习领域	工业机器人硬件基础		
学习单元	单元一　认知工业机器人		
组　　员		时间	
任　　务	认知工业机器人的基础性常识		
任务要求	1. 通过参观学校实训室初步认知工业机器人； 2. 了解工业机器人的类型及主要应用情况； 3. 查阅资料，了解本地区、本省及我国工业机器人的应用现状； 4. 查阅资料，了解学校实训用工业机器人的品牌情况； 5. 总结技术文档资料查阅方法与途径，关注重点网站		
任务实施记录（小组共同策划部分）			
任务调研	1. 初步熟悉小组工作法，认识组员角色与分工； 2. 收集介绍工业机器人基础知识的相关资料，初步掌握查询技术文档的方法； 3. 了解工业机器人的应用现状，树立学好本课程的信心		
需要资料准备	课件、教材、网上学习平台		

（续）

知识与技能要点	1. 初步认知工业机器人，了解其主要应用领域； 2. 认知工业机器人的类型及其主要应用特点； 3. 掌握技术文档检索的一般性方法，关注一些重点网站； 4. 了解我国工业机器人的发展情况，初步树立技术立身意识
小组实施效果记录	整体效果： 满意之处： 待改进之处：
任务实施记录（个人实施过程与效果分析）	
个人任务描述	
个人实施过程与效果分析	
自我评价	满意之处： 待改进之处：

单元二　典型工业机器人系统

知识与技能

1. 初步认知工业机器人的系统结构；
2. 了解工业机器人控制柜的主要结构；
3. 掌握开关工业机器人的方法；
4. 认知工业机器人的重要人机界面——示教器。

过程与方法

1. 参观学校实训室，认识工业机器人系统；
2. 查阅资料，了解学校的工业机器人系统；
3. 体验工业机器人的启动与停止操作；
4. 初步操作工业机器人使其运动起来。

情感与态度

1. 查阅资料，了解学校的几种工业机器人的系统结构特点；
2. 了解安全操作规程，初步树立安全、正确操作工业机器人的意识；
3. 查阅资料，了解本地区工业机器人应用情况。

一、典型工业机器人的系统结构

ABB 公司是世界领先的机器人制造商，自 1974 年发明世界上第一台工业机器人以来，一直致力于研发、生产机器人，至今已有约 50 年的历史。ABB 拥有当今种类最多、最全面的机器人产品、技术和服务，以及最大的机器人装机量，已在全球范围内安装了超过 20 万台机器人，主要市场包括汽车、塑料、金属加工、铸造、太阳能、消费电子、木制品、机床、制药和食品饮料等行业。ABB 分支机构遍及世界各地 53 个国家，约 100 个地区。下面以 ABB 公司六轴工业机器人为例介绍其系统结构。

ABB 工业机器人介绍

工业机器人通常由机械结构系统、驱动系统和控制系统三部分组成，如图 1-12 所示。

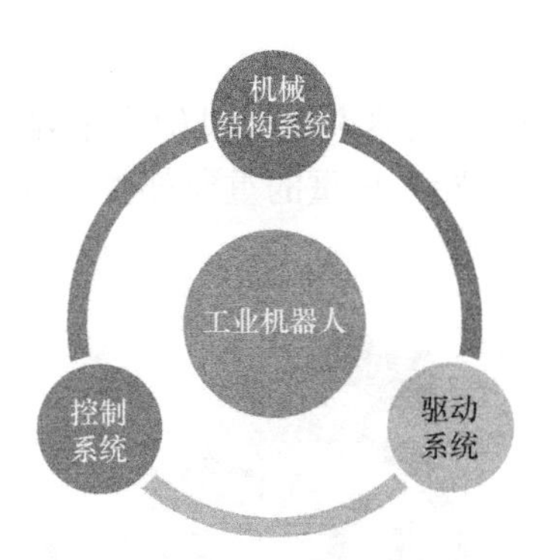

工业机器人的系统组成

图 1-12　工业机器人的外形示意图及系统结构

1. 机械结构系统

工业机器人的机械结构系统主要由末端执行器、手腕、手臂、腰部和基座组成，如图 1-13 所示。

（1）末端执行器

末端执行器是机器人直接用于抓取和握紧（或吸附）工件或夹持专用工具（如喷枪、扳手、焊接工具）进行操作的部件，它具有模仿人手动作的功能，并安装于机器人手臂的前端。一般对应六轴工业机器人的第六轴。

末端执行器大致可分为以下几类：

1）夹钳式取料手。

2）吸附式取料手。

3）专用操作器及转换器。

4）仿生多指灵巧手。

（2）手腕

如图 1-14 所示，手腕是连接末端执行器和手臂的部件，它的作用是调整或改变工件的方位，因而它具有独立的自由度，以使机器人末端执行器适应复杂的动作要求。一般对应工业机器人的第四轴和第五轴。

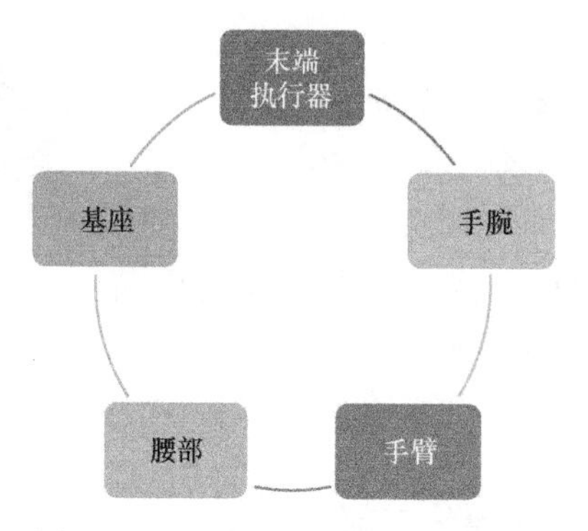

图 1-13　工业机器人的机械结构系统

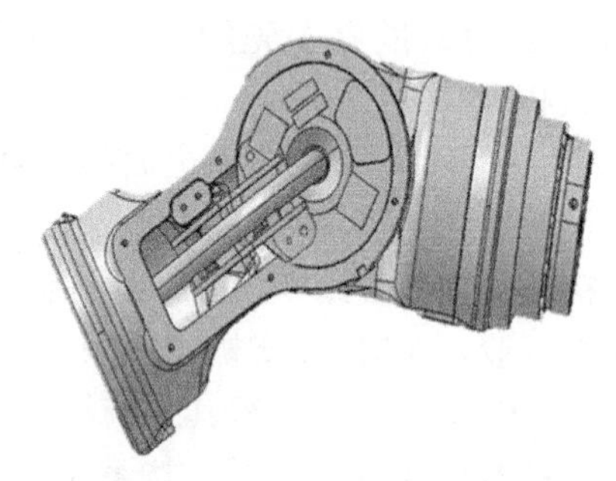

图 1-14　工业机器人机械结构——手腕

（3）手臂

如图 1-15 所示，手臂是机器人执行机构中重要的部件，它的作用是将被抓取的工件运送到给定的位置上，是机器人承重的重要部件。一般对应机器人的第三轴。

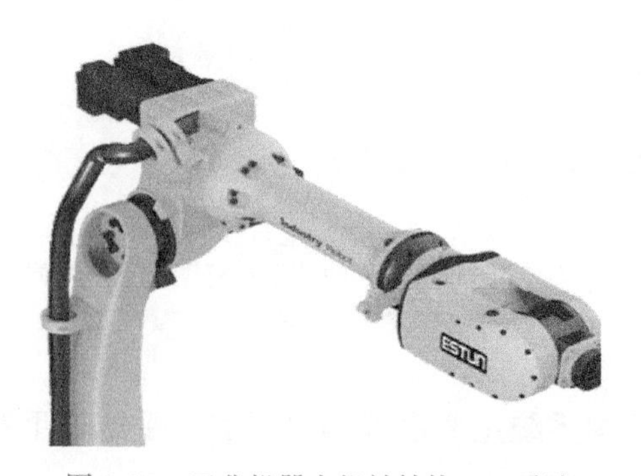

图 1-15　工业机器人机械结构——手臂

（4）腰部和基座

如图 1-16 所示，腰部又称立柱，是支撑手臂的部件，其作用是带动臂部运动，可以在基座上转动，也可以与基座制成一体，与臂部运动结合，将腕部传递到需要到达的工作位置。一般对应机器人的第二轴。

基座是机器人的基础支持部分，起支撑作用。整个执行机构和驱动装置都是安装在基座上的，有固定式和移动式两种，所以该部件必须具有足够的刚度、强度和稳定性。一般对应机器人的第一轴。

2. 驱动系统

工业机器人的驱动系统包括传动机构和驱动装置两部分，它们通常与机械结构连成机器人本体。

（1）传动机构

传动机构能够带动机械结构系统产生运动。

常用的传动机构有：谐波减速器、滚珠丝杠、链、带以及各种齿轮系。

（2）驱动装置

驱动装置是驱使工业机器人机械结构系统运动的机构，按照控制系统发出的信号指令，借助动力元件使机器人产生动作，其作用就相当于人类的肌肉、筋络。

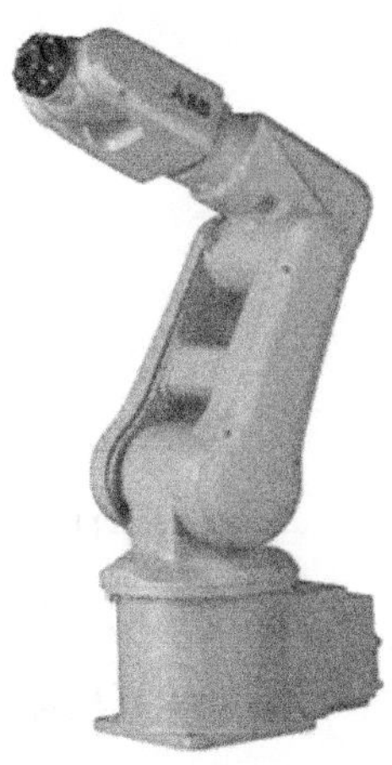

图 1-16　工业机器人机械结构——腰部和基座

常用的驱动装置有液压驱动、气动驱动和电动机驱动，电动机驱动按电动机类型可分为直流伺服电动机、步进电动机、交流伺服电动机。

3. 控制系统

控制系统相当于机器人的“大脑”。要有效地控制工业机器人，它的控制系统就必须具备以下两种功能，也是工业机器人控制系统所必需的基本功能。

（1）示教再现功能

示教再现功能是指在执行新的任务之前，预先将作业的操作过程示教给工业机器人，然后让工业机器人再现示教的内容，以完成作业任务。

（2）运动控制功能

运动控制功能是指对工业机器人末端执行器的位姿、速度、加速度等的控制。

工业机器人的控制系统主要包括硬件和软件两个方面。

1）硬件部分包括传感装置、控制装置和关节伺服驱动部分。

2）软件部分主要包括算法运动轨迹规划、关节伺服控制算法和动作程序等。

二、控制柜结构的认知

控制柜是机器人工作站的基本构成部件之一，由机器人系统所需控制部件、电源及相关附件组成，包括主计算机、轴计算机、机器人驱动器、安全面板、系统电源、配电板、电源模块、电容、接触器接口板和 I/O 板等。下面以 ABB IRC5 标准控制柜为例，介绍控制柜的组成。ABB IRC5 控制器的

机器人控制柜的组成

所有部件都集成在一个机柜中，如图 1-17 所示。

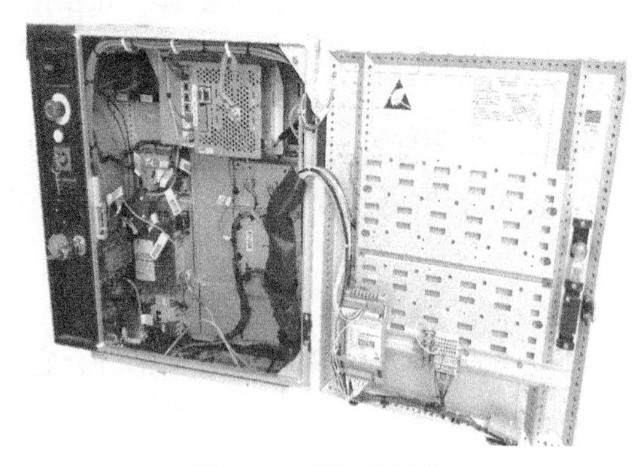

图 1-17　机器人控制柜

1. DSQC 1000 主计算机

其相当于计算机的主机，用于运算、控制、存放系统数据等，如图 1-18 所示。

2. DSQC 668 轴计算机

用于计算机器人每个轴的转数，如图 1-19 所示。

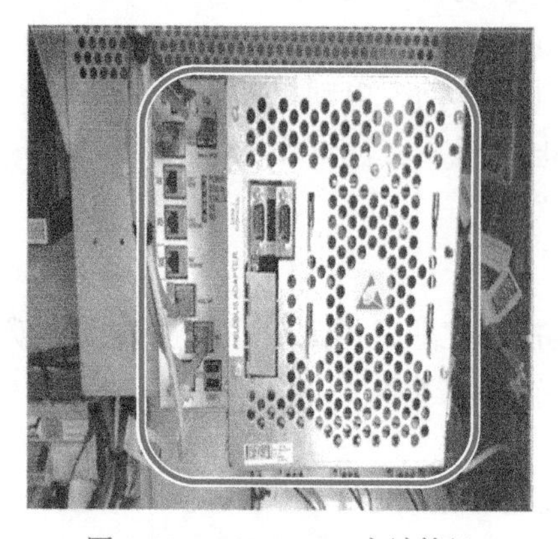

图 1-18　DSQC 1000 主计算机

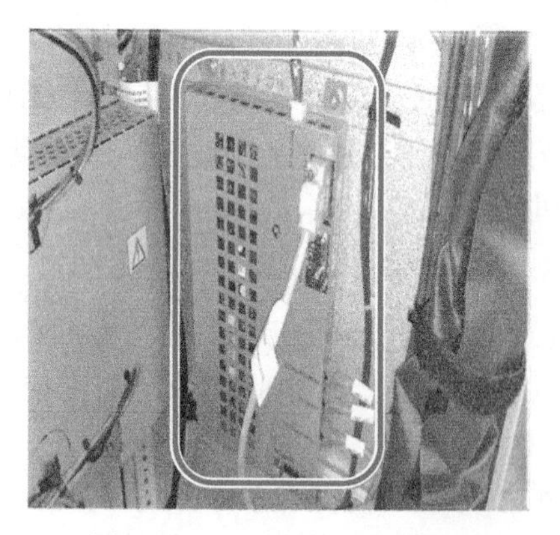

图 1-19　DSQC 668 轴计算机

3. DSQC 406 机器人驱动器

用于驱动机器人各个轴的电动机，如图 1-20 所示。

4. DSQC 661 I/O 电源板

给 I/O（输入 / 输出）板提供电源，如图 1-21 所示。

5. DSQC 662 配电板

给机器人各轴运动提供电源，如图 1-22 所示。

6. DSQC 609 24V 电源模块

给 24V 电源接口板提供电源，24V 电源接口板可直接给外部 I/O 信号供电，如图 1-23 所示。

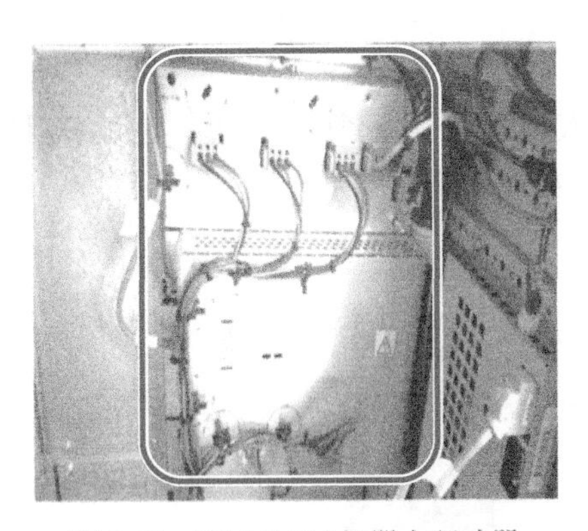

图 1-20　DSQC 406 机器人驱动器

图 1-21　DSQC 661 I/O 电源板

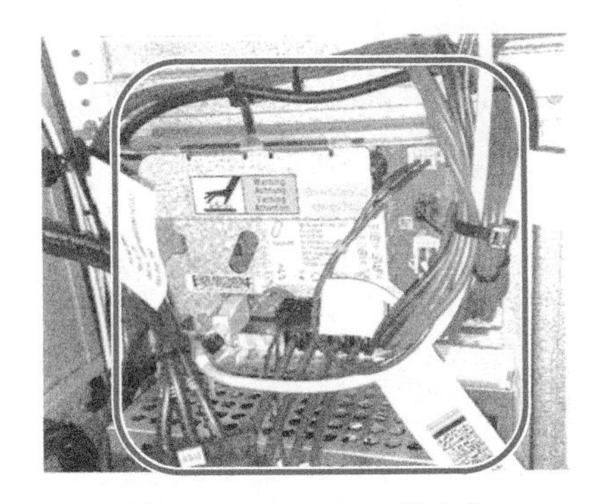

图 1-22　DSQC 662 配电板

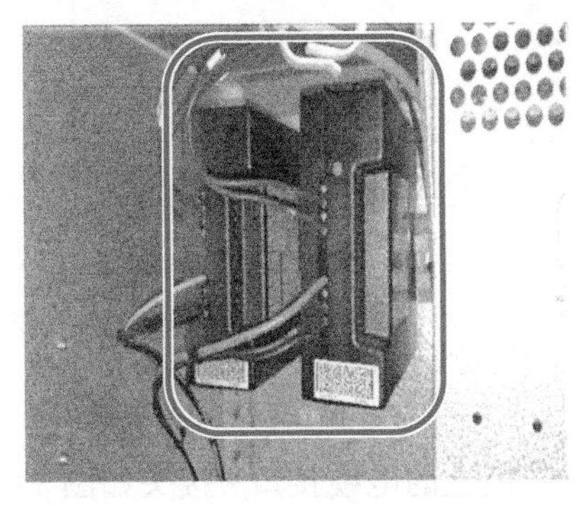

图 1-23　DSQC 609 24V 电源模块

7. 电容

用于机器人关闭电源后，保存数据后再断电，相当于延时断电功能，如图 1-24 所示。

8. DSQC 611 接触器接口板

机器人 I/O 信号通过接触器接口板来控制接触器的启停，如图 1-25 所示。

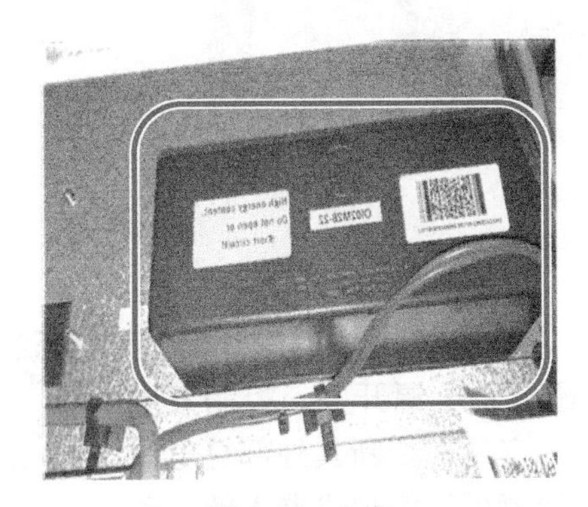

图 1-24　电容

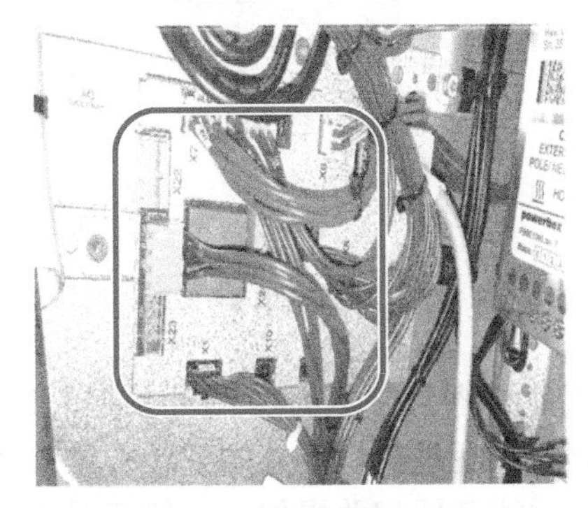

图 1-25　DSQC 611 接触器接口板

9. DSQC 651 I/O 模块

用于外部 I/O 信号与机器人系统的通信连接，如图 1-26 所示。

10. 面板上的按钮和开关

IRC5 控制柜面板上的按钮和开关包括机器人电源开关、急停按钮、电动机上电按钮、模式选择开关、网络接口和示教器电缆接口，如图 1-27 所示。

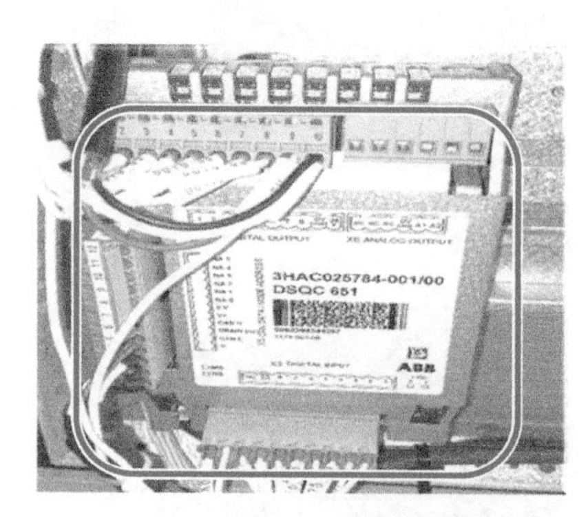

图 1-26　DSQC 651 I/O 模块

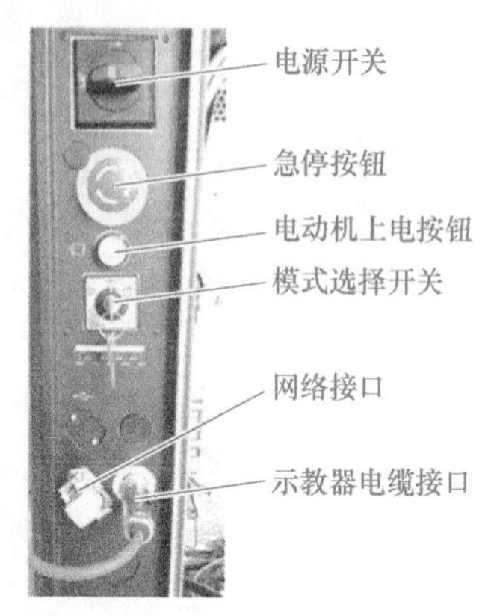

图 1-27　面板上的按钮和开关

11. 控制柜上的电缆接口 / 接头

控制柜上的电缆接口 / 接头如图 1-28 所示。

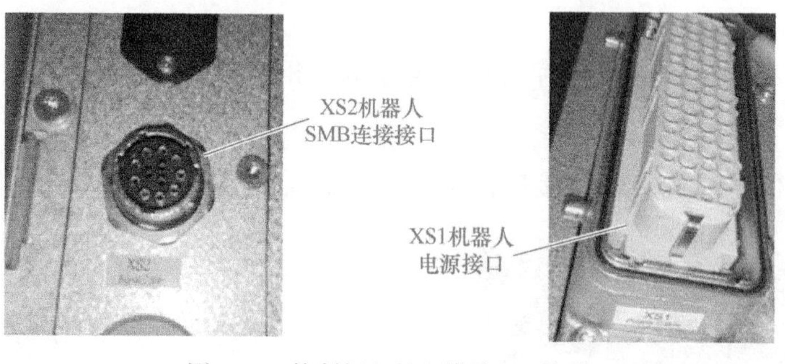

图 1-28　控制柜上的电缆接口 / 接头

三、机器人的开关机操作

工业机器人系统的开关机和重启

工业机器人除其自身的开关控制以外，一般还有总电源开关，控制其电源的供给。在进行机器人的安装、维修和保养时，一定要在切断其外部总电源开关后才能开展相关操作。一般情况下，通过控制柜就可以实现机器人的启动与停止。

1. 机器人的开机操作

机器人实际操作的第一步就是开机，将机器人控制柜上的总电源旋钮从“OFF”旋转到“ON”，机器人就会启动，如图 1-29 所示。

2. 机器人的关机操作

完成机器人操作或维修时，需要关闭机器人系统，只需将机器人控制柜上的总电源旋钮逆时针从“ON”扭转到“OFF”即可，如图 1-30 所示。

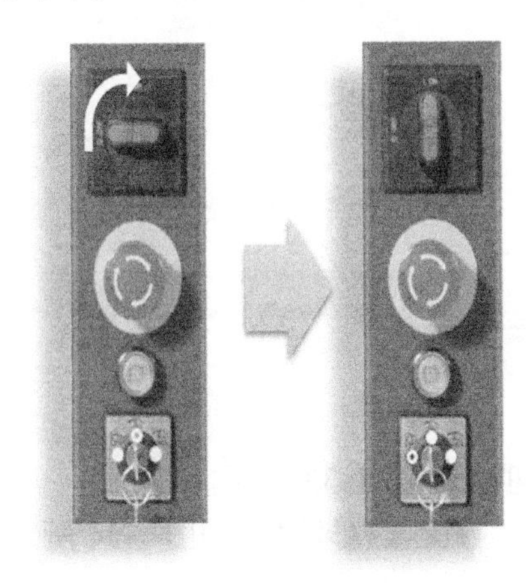

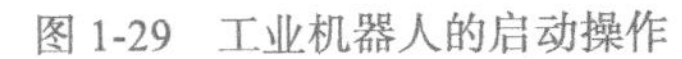

图 1-29　工业机器人的启动操作

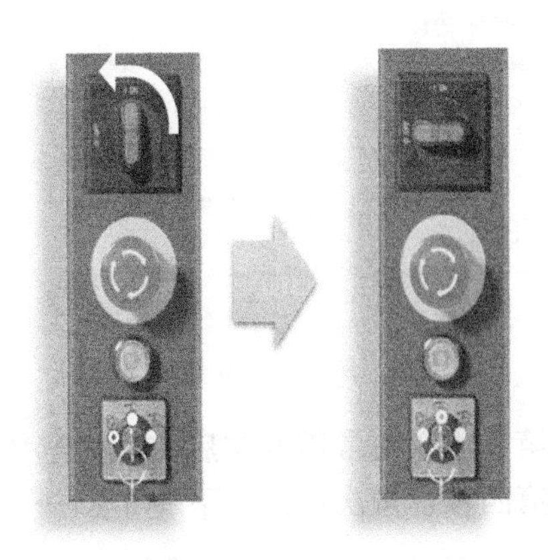

图 1-30　工业机器人的关闭操作

3. 机器人的重新启动操作

ABB 机器人系统可以长时间地进行工作，无须定期重新启动运行。但出现以下情况时需要重新启动机器人系统：

1）安装了新的硬件。

2）更改了机器人系统配置参数。

3）出现系统故障（SYSFAIL）。

4）RAPID 程序出现程序故障。

重新启动的类型包括重启、重置系统、重置 RAPID、恢复到上次自动保存的状态和关闭主计算机。各类型说明见表 1-2。

表 1-2　工业机器人重新启动类型说明

重新启动类型	说明
重启	使用当前的设置重新启动当前系统
重置系统	重启并将丢弃当前的系统参数设置和 RAPID 程序，将会使用原始的系统安装设置
重置 RAPID	重启并将丢弃当前的 RAPID 程序和数据，但会保留系统参数设置
恢复到上次自动保存的状态	重启并尝试回到上一次自动保存的系统状态。此选项一般在从系统崩溃中恢复时使用
关闭主计算机	关闭机器人控制系统，应在控制器 UPS 故障时使用

4. 机器人的重新启动操作步骤

第一步：单击 ABB 菜单，然后单击“重新启动”选项，如图 1-31 所示。

第二步：单击“高级”按钮，如图 1-32 所示。

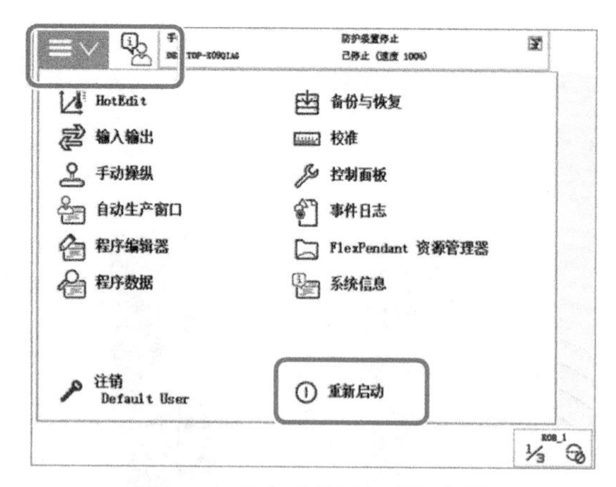

图 1-31　单击“重新启动”选项

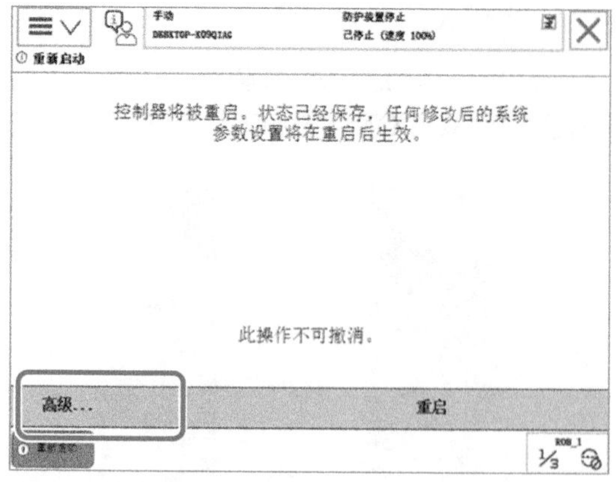

图 1-32　单击“高级”按钮

第三步：在常用的重启类型中选中“重启”选项，如图 1-33 所示。

第四步：依次单击“下一个”→“重启”按钮，等待重启即可，如图 1-34 所示。

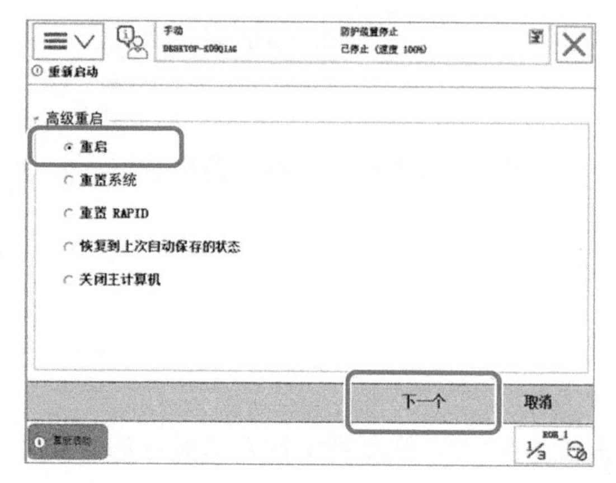

图 1-33　选中“重启”选项

图 1-34　等待重启

同样，对于其他重新启动选项，大家可以参考表 1-2 进行尝试。

四、机器人示教器的认知

示教器是工业机器人的一种手持式操作装置，其英文名为 FlexPendant。示教器由硬件和软件组成。通过示教器可以执行与操作机器人完成以下任务：示教、编辑程序、运行程序、参数配置等。示教器本身就是一台小型计算机，通过集成线缆和接头与控制器连接。其屏幕具有显示功能的同时，也具有触摸操作功能，是一个功能强大的人机交互设备。示教器可在恶劣的工业环境中使用，具有易于清洁、防水、防油、防溅功能。

1. 认识示教器

示教器是进行机器人的手动操纵以及监控用的重要的手持装置，也是人们最常打交道的控制装置。由连接电缆、触摸屏、急停开关、手动操作摇杆、数据备份用 USB 接口、使能器按钮、触摸屏用笔、示教器复位按钮等部分组成，如图 1-35 所示。

初识 ABB 示教器

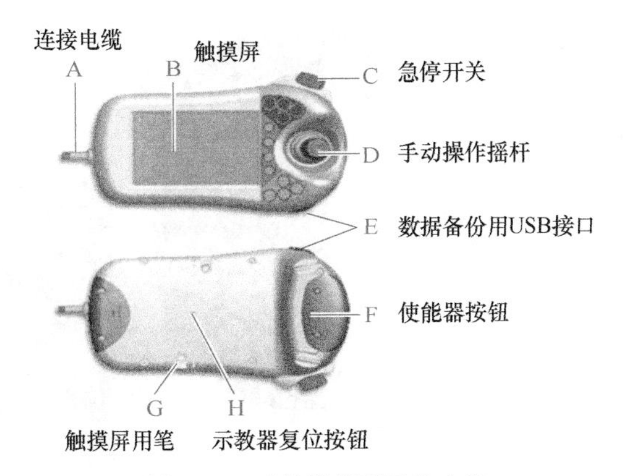

图 1-35　示教器外形图及功能

示教器的基本操作

2. 示教器——菜单界面

单击示教器左上角的菜单按钮可以打开菜单界面。ABB 机器人示教器的菜单界面包含了机器人参数设置、机器人编程及系统相关设置等多项功能。比较常用的选项包括输入输出、手动操纵、程序编辑器、程序数据、校准和控制面板等，如图 1-36 所示。

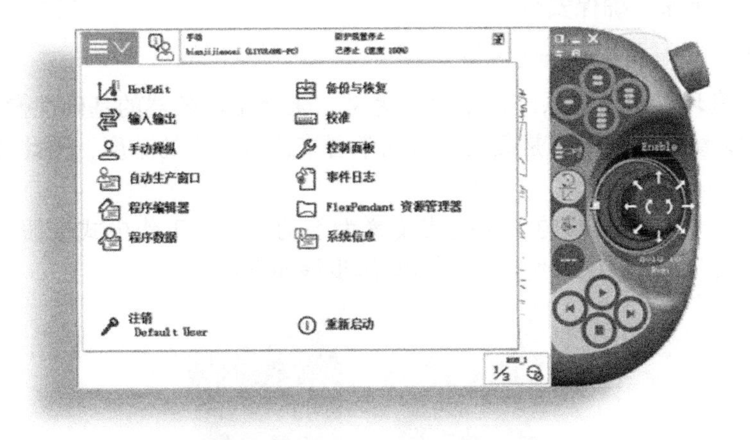

图 1-36　示教器“菜单”界面

3. 示教器——菜单——控制面板

ABB 机器人菜单中的控制面板包含了对机器人和示教器进行设定的相关功能，是系统初始设置较为重要的操作项目之一，如图 1-37 所示。

4. 示教器——使能器按钮

使能器按钮是工业机器人为保证操作人员人身安全而设置的。只有在按下使能器按钮后，并保持在“电机开启”的状态，才可对机器人进行手动操作与程序的调试。使能器按钮位于示教器右下部，由橡胶外皮包覆，如图 1-38 所示。

使能器按钮可分为左利手和右利手设置。

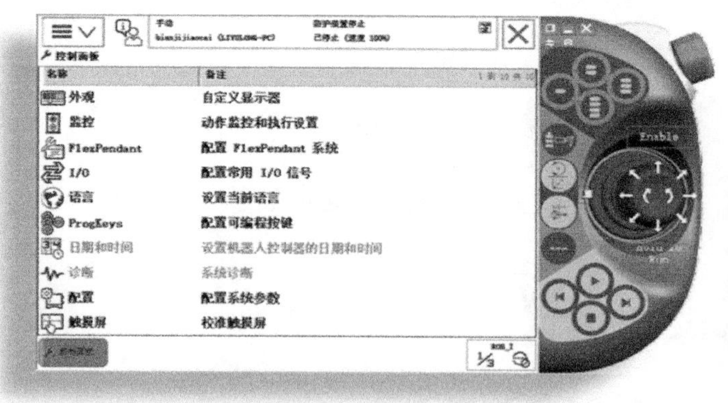

图 1-37　示教器“控制面板”界面

图 1-38　示教器的使能器按钮

根据使能器按钮按压的程度可分为两档、三种状态。没有按压时，机器人电动机处于关闭状态，机器人不能动作。按压至第一档时，机器人电动机处于开启状态，可以对机器人进行手动操作或程序调试。按压至第二档时，机器人电动机又将处于关闭状态，而不能操控机器人。这种设计是考虑到人在发生危险时，会本能地将手指松开或抓紧，当手持示教器操作工业机器人而发生危险时，手部的应激反应就会将使能器按钮松开或按紧，则机器人会马上停下来，确保安全。

5. 示教器——设置示例——设置语言

下面以仿真环境下设置系统显示语言为例，来介绍示教器的基础性操作。创建工作站时系统默认的语言是英文，对初学者来说有一定的难度，因此要重新设置为中文。

示教器的语言切换

在仿真环境中将示教器的工作模式设置为手动，单击工作模式按钮，并选中“手动模式”，如图 1-39 所示。具体操作步骤如下：

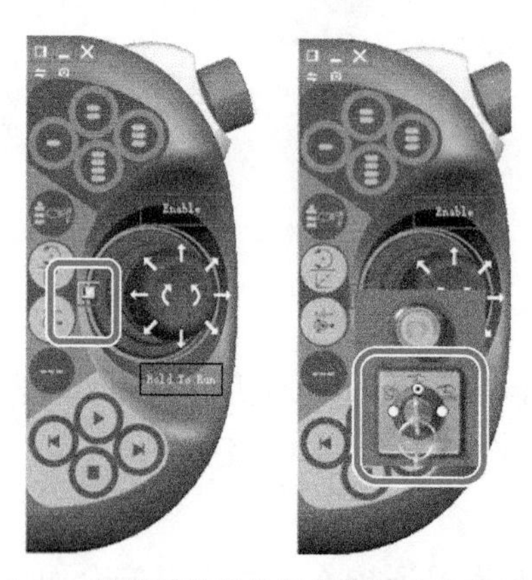

图 1-39　示教器的具体操作示例（仿真环境）

第一步：单击示教器的开始菜单，并选中菜单面板的“Control Panel”选项，出现如图 1-40 所示的界面。

第二步：单击菜单面板的“Control Panel”选项，出现如图 1-41 所示的界面。

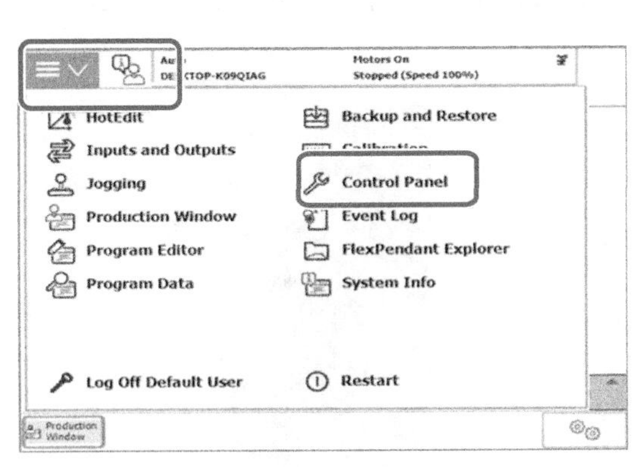

图 1-40　选中“Control Panel”选项

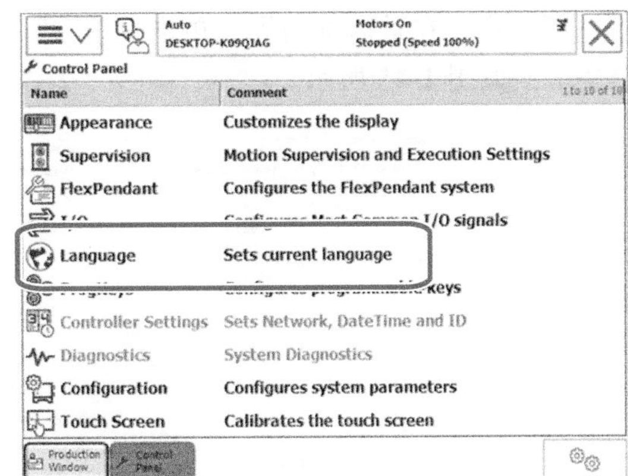

图 1-41　“Control Panel”界面

第三步：选中语言设置选项“Language”并单击，出现如图 1-42 所示的界面。

第四步：单击“OK”按钮进行确认，进入语言选择界面，如图 1-43 所示。

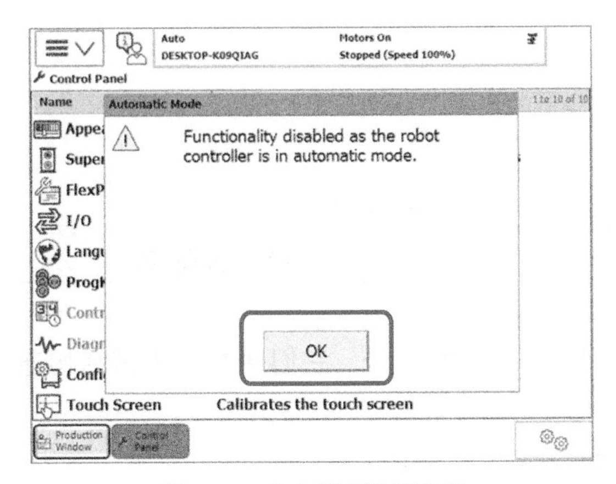

图 1-42　选中语言设置选项

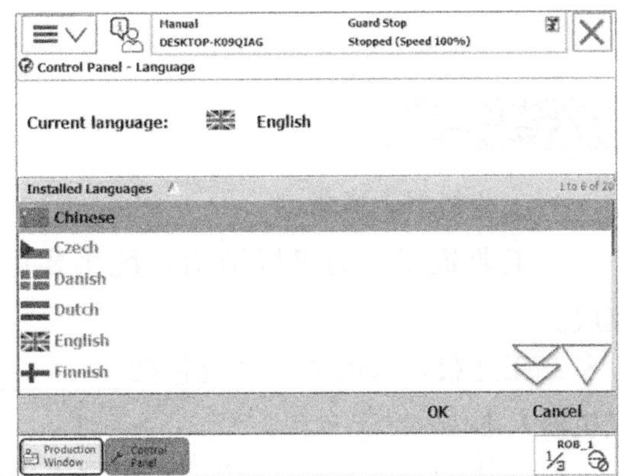

图 1-43　语言选择界面

第五步：选中中文“Chinese”选项，单击“OK”按钮确认，如图 1-44 所示。

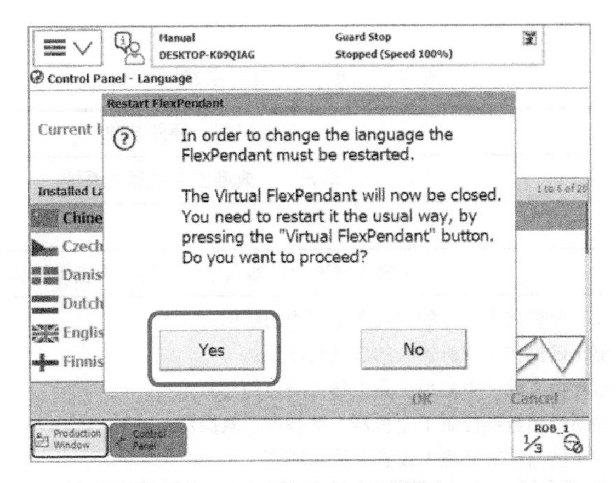

图 1-44　选择中文后确认

第六步：在重启询问界面单击“Yes”按钮确认，系统重启后，示教器语言就设置为中文了，如图 1-45 所示。

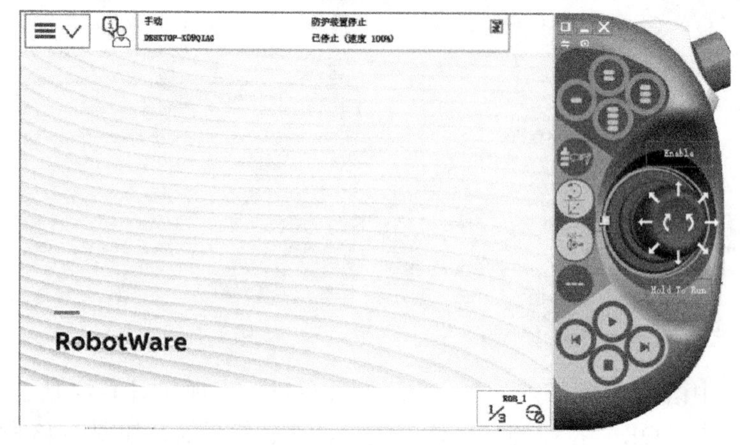

图 1-45　中文界面

练一练

1. 工业机器人通常由________、________和________三部分组成。

2. 工业机器人的机械结构系统主要由________、________、手臂、腰部和________组成。

3. 工业机器人的驱动系统包括________和________两部分，它们通常与机械结构连成机器人本体。

4. 在什么情况下需要重新启动机器人系统？

5. 如何设置机器人系统的语言？

任务单（表 1-3）

表 1-3　单元学习任务单

学习领域	工业机器人硬件基础		
学习单元	单元二　典型工业机器人系统		
组　员		时间	
任　务	认知典型工业机器人系统并能完成基础性操作		
任务要求	1. 认知工业机器人系统的构成及控制柜的结构； 2. 能够正确操作工业机器人的启动与停止； 3. 能够在仿真软件中实现工业机器人的启动与停止； 4. 能够通过示教器控制工业机器人的基本示教操作； 5. 会在实物与仿真环境下设置系统的语言		

（续）

任务实施记录（小组共同策划部分）	
任务调研	1. 确认小组成员分工，明确各自的工作任务； 2. 收集介绍工业机器人基本结构的资料； 3. 了解正确操作工业机器人的安全要点
需要资料准备	课件、教材、网上学习平台
知识与技能要点	1. 认知工业机器人的结构，特别是控制柜的作用； 2. 掌握开 / 关机的操作要领，特别要注意实物与仿真软件间的区别； 3. 掌握示教器的系统语言设置方法； 4. 了解工业机器人的基本运动操作
小组实施效果记录	整体效果： 满意之处： 待改进之处：
任务实施记录（个人实施过程与效果分析）	
个人任务描述	
个人实施过程与效果分析	
自我评价	满意之处： 待改进之处：

单元三　工业机器人坐标系基础

知识与技能

1. 认识工业机器人系统中的坐标系；
2. 理解工件坐标系、工具坐标系的标定原理与方法。

过程与方法

1. 能选择合适的坐标系来操纵工业机器人；
2. 能熟练操纵工业机器人；
3. 掌握工件坐标系、工具坐标系的标定技巧。

情感与态度

1. 进一步培养团队意识，协作完成机器人操纵；
2. 进一步培养安全意识，严格按安全操作规范来操纵机器人。

一、认知坐标系的类型

坐标系是从一个称为原点的固定点通过轴定义的平面或空间。机器人的目标和位置是通过沿坐标系轴的测量来定位的。常用坐标系有以下几种，如图 1-46 所示。

其中：Base coordinates 表示基坐标系；World coordinates 表示大地坐标系；Object coordinates 表示工件坐标系；Tool coordinates 表示工具坐标系；User coordinates 表示用户坐标系。

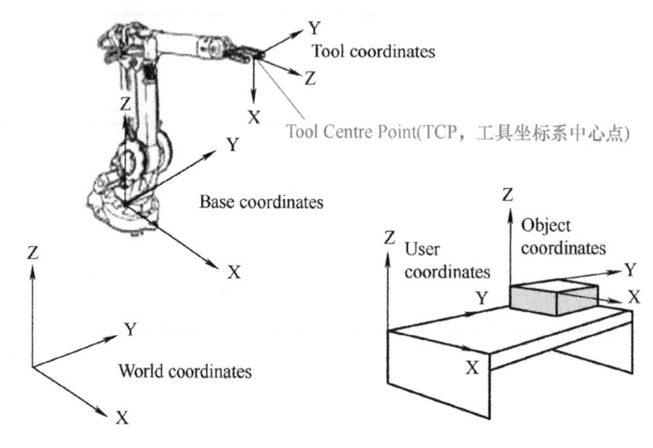

坐标系的定义及机器人坐标系的分类

图 1-46　工业机器人常用坐标系

工业机器人系统拥有若干种坐标系，操作员可以根据工作任务自行选用或设定坐标系，每一种坐标系都适用于特定类型的控制或程序。

1. 基坐标系

基坐标系的中心位于工业机器人基座的中心，是最便于机器人从一个位置移动到另一个位置的坐标系，如图 1-47 所示。

基坐标系在机器人基座中有相应的零点。根据笛卡儿坐标系定义规则，基坐标系 X、Y、Z 轴的正向规定为：面向机器人，机器人向操作员靠近的运动方向为 X 轴的正向，远离操作员的方向为 X 轴的负向，即操纵杆操控机器人向前和向后运动，机器人沿 X 轴移

动；机器人向操作员右侧运动规定为Y轴的正向，反之为Y轴的负向，即机器人向两侧运动为沿Y轴移动；同理，机器人向上运动为Z轴的正向，反之向下为Z轴的负向。示教器上的操纵杆前、后推拉，可实现对机器人X轴的运动控制，左、右推动可实现对机器人Y轴的运动控制，而旋转控制杆就可以实现对机器人Z轴的运动控制。

关于旋转的方向规定：右手握向某一轴，大拇指指向轴的指向，则四指自然弯曲方向为沿该轴旋转的正方向，反之则为负方向。

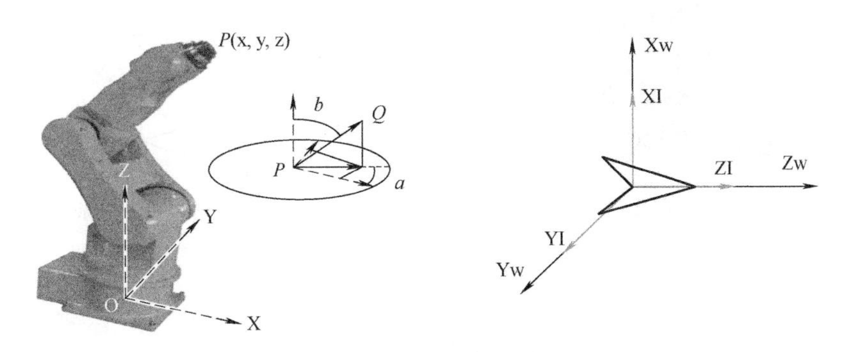

图 1-47　基坐标系

2. 大地坐标系

一般与基坐标系相同，与基坐标系一起，是定义其他坐标系或操控工业机器人的坐标系基础，如图 1-48 所示。操作员定义的机器人所有其他的坐标系均与大地坐标系（或基坐标系）直接或间接相关。

大地坐标系在工作单元或工作站中的固定位置有相应的零点，有助于处理若干个机器人或由外轴移动的机器人的运动。在默认情况下，大地坐标系与基坐标系是一致的，其坐标原点在机器人基座的中心点。

3. 工件坐标系

工件坐标系与工件有关，通常是为方便针对工件编程而设定的坐标系，其坐标原点以工件上的某一特征点为准，坐标方向一般选择与工件的特征线、面为依据，所以工件坐标系最适于对机器人进行编程。

工件坐标系对应某一工件，其定义位置是相对于大地坐标系（或其他坐标系）的某一位置，如图 1-49 所示。机器人可以拥有若干工件坐标系，用以表示不同工件，或者表示同一工件在不同位置。

4. 工具坐标系

工具坐标系是以工业机器人的工具为参考依据而设定的坐标系，如图 1-50 所示。机器人在选用不同的工具时，由于工具的形状、尺寸、重心、质量等的不同，需要以工具上的某一特征点来设定坐标，以方便对带工具的机器人进行操作。

工具坐标系一般将工具中心点设为零点，由此定义工具的位置和方向。工具坐标系缩写为 TCPF（tool center point frame），工具坐标系中心点缩写为 TCP（tool center point）。所有机器人在第六轴的法兰盘中心点处都有一个预定义的工具坐标系，即 tool0。新定义工具坐标系的位置实质上是相对预定义工具坐标系 tool0 的一个偏移值。

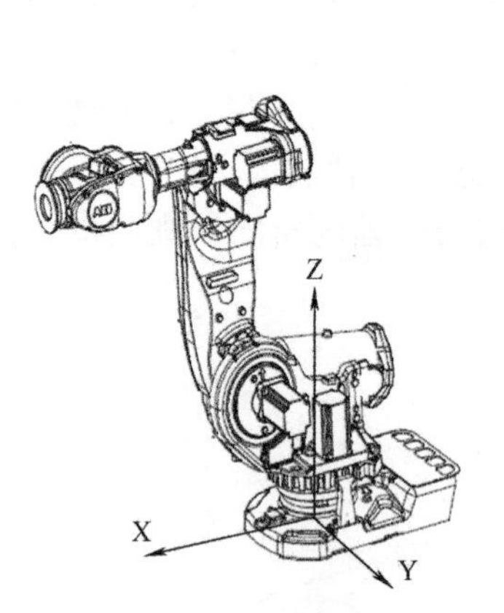

图 1-48　大地坐标系

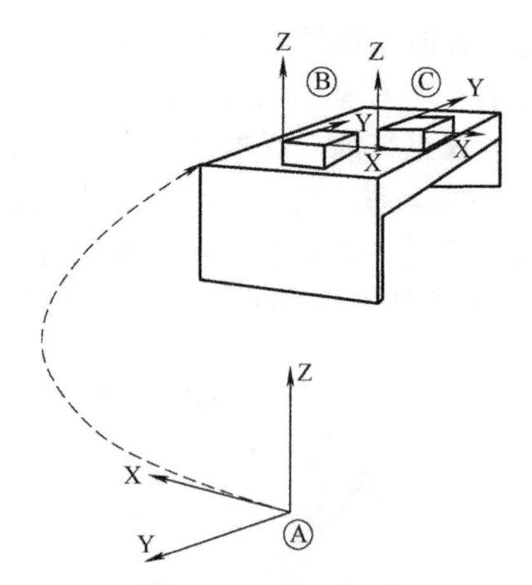

图 1-49　工件坐标系

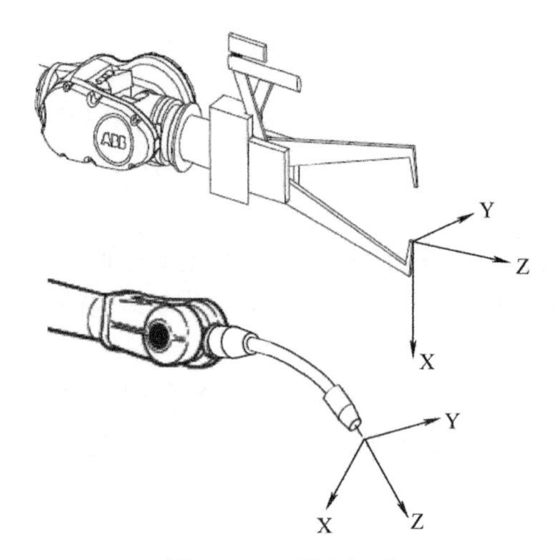

图 1-50　工具坐标系

5. 用户坐标系

用户坐标系是用户根据自己的需要而设定的坐标系，在表示持有其他坐标系的设备（如工件）时非常有用。

二、手动操纵机器人

一般地，机器人由六个伺服电动机分别驱动机器人的六个关节轴，如图 1-51 所示。

手动操纵机器人运动一共有三种模式：单轴运动、线性运动和重定位运动。

（1）单轴运动

每次手动操纵一个关节轴的运动，就称之为单轴运动。单轴运动在进行粗略的定位和比较大幅度的移动时，相比其他的手动操作模式会方便快捷很多。

（2）线性运动

机器人的线性运动是指安装在机器人第六轴法兰盘上的工具 TCP 在空间中做线性运动。移动的幅度较小，适合较为精确的定位和移动。

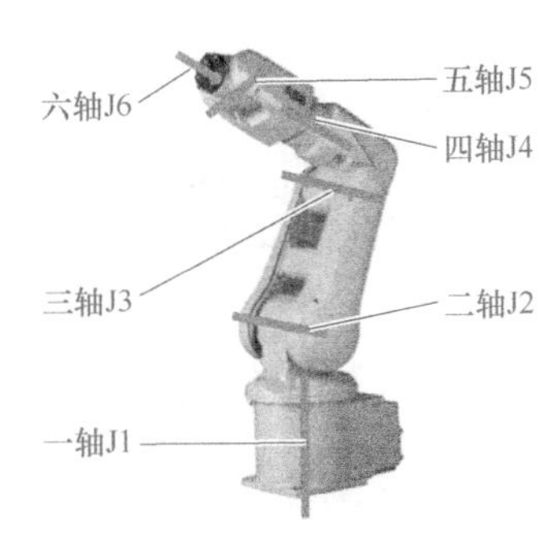

图 1-51　工业机器人的关节轴

（3）重定位运动

机器人的重定位运动是指机器人第六轴法兰盘上的工具 TCP 在空间中绕着坐标轴旋转的运动。重定位运动的手动操作能实现更全方位的移动和调整。

1. 实体工作站中工作模式的选择

在实体工作站中，将机器人控制柜上的机器人状态钥匙切换到中间的手动限速状态，如图 1-52 所示，机器人就处于手动控制模式了。状态钥匙有两个模式，一个是自动模式，另一个是手动模式，如图 1-53 所示。

手动模式又分为手动减速模式与全速模式，这在仿真模式下才能选择。手动减速模式下，机器人的运行速度最高只能达到 250mm/s。手动模式下，既可以单步运行例行程序，又可以连续运行例行程序，运行时需一直手动按下使能器按钮。自动运行模式下，按下机器人控制柜上电按钮后无须手动按住使能器按钮，机器人将自动执行程序。

在工业机器人操作应用过程中，一般先采用手动模式进行工业机器人点位示教和程序的调试，确认无误后，再使用自动模式使工业机器人进行生产工作。

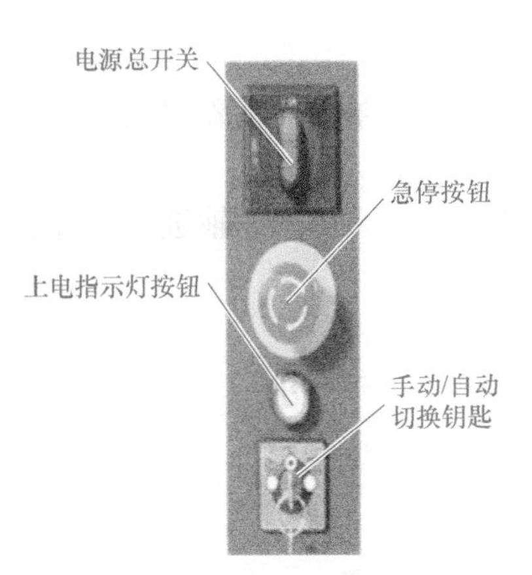

图 1-52　控制柜的操作

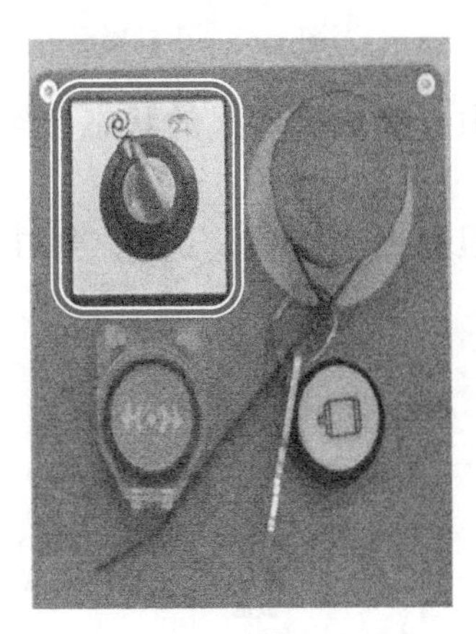

图 1-53　状态钥匙的模式选择

2. 在仿真模式下手动单轴操纵机器人

单轴运动的手动操作

下面以在仿真模式下操纵机器人为例，介绍手动单轴操纵机器人的基本运动控制方法。单轴操纵机器人每次只能控制一个轴的旋转。

第一步：单击 ABB 菜单，选择“手动操纵”选项，如图 1-54 所示。

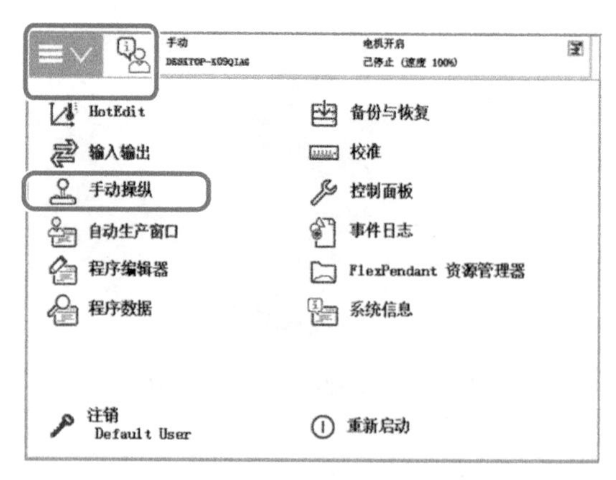

图 1-54　手动操纵菜单界面

第二步：单击示教器控制柜小图标，选择“手动”，系统将切换到手动减速模式，如图 1-55 所示。

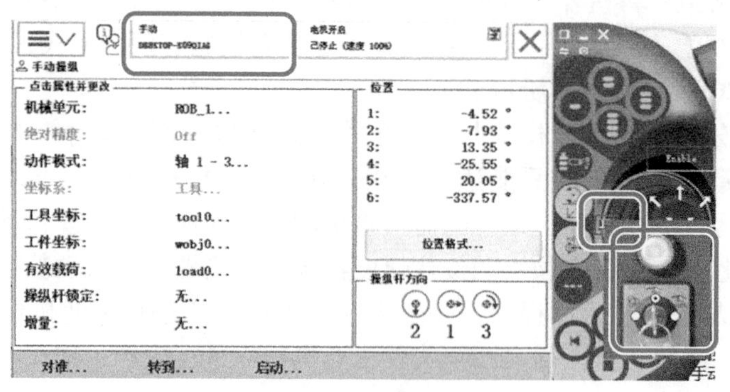

图 1-55　手动操纵模式选择

第三步：在状态栏中，确认机器人的状态已经切换为手动，单击“动作模式”，如图 1-56 所示。

动作模式有三种，但有四个选项，选中“轴 1-3”，可对机器人 1 ～ 3 轴进行操作，如图 1-57 所示。

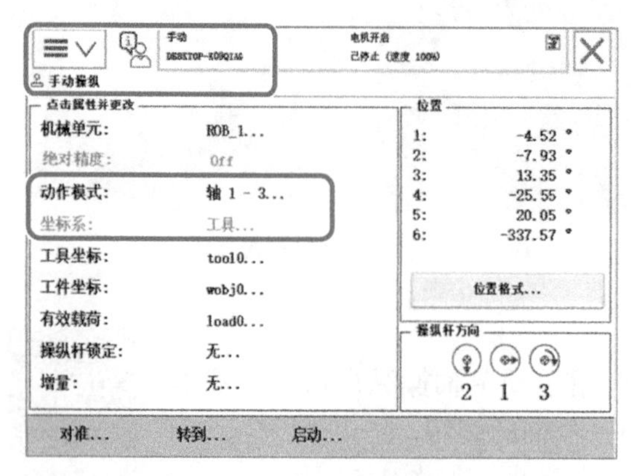

图 1-56　动作模式选择

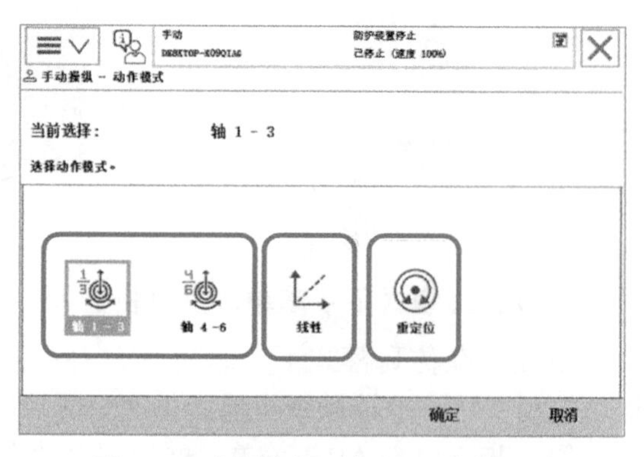

图 1-57　动作模式：轴 1 ～ 3 控制选项

第四步：选中“轴 4-6”，可对机器人 4 ～ 6 轴进行操作，这都属于“单轴操纵”，如图 1-58 所示。

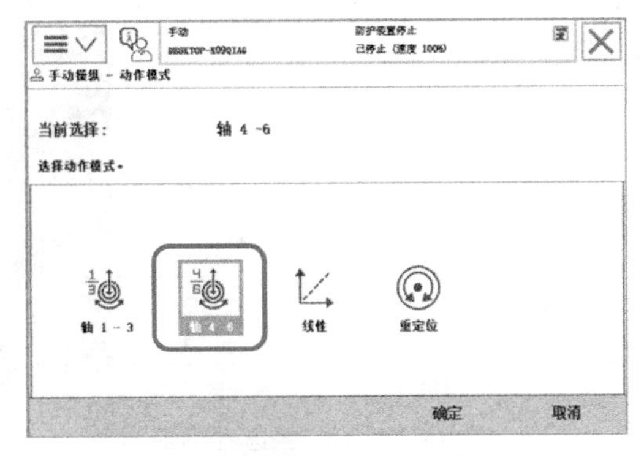

图 1-58　动作模式：轴 4 ～ 6 控制选项

第五步：单击示教器使能器按钮“ Enable”，并在状态栏中确认已进入“电机开启”状态，单击操作机器人控制手柄，完成单轴运动操作，如图 1-59 所示。

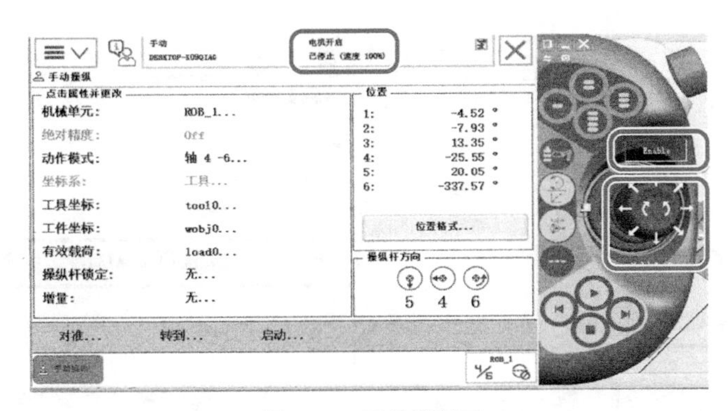

图 1-59　示教器界面

3. 在仿真模式下手动线性操纵机器人

在线性操纵机器人模式下，机器人将沿直角坐标系实现直线或曲线运动。

第一步：单击 ABB 菜单，选择“手动操纵”选项，如图 1-60 所示。

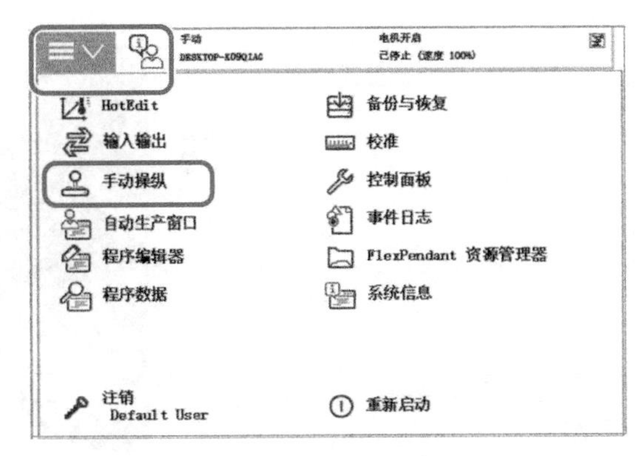

图 1-60　手动操纵菜单界面

线性运动的手动操作

第二步：在示教器上选择“手动”模式，如图 1-61 所示。

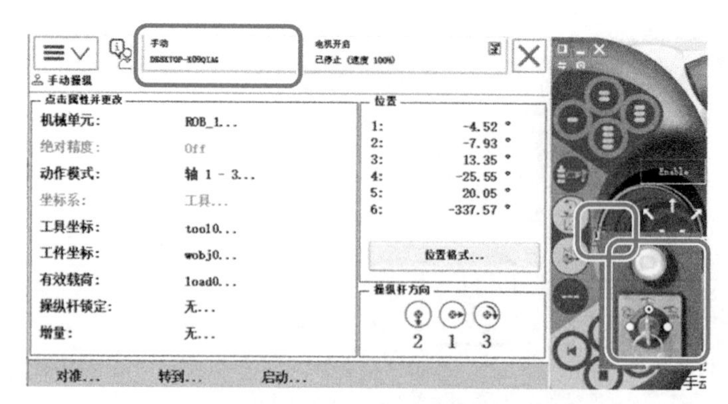

图 1-61　手动操纵选项界面

第三步：选择“手动操纵”→“动作模式”→“线性”选项，如图 1-62 所示。

第四步：单击“确定”按钮后，在出现的界面中选择一个合适的（一般是带有工具的）工具坐标系，如图 1-63 所示。

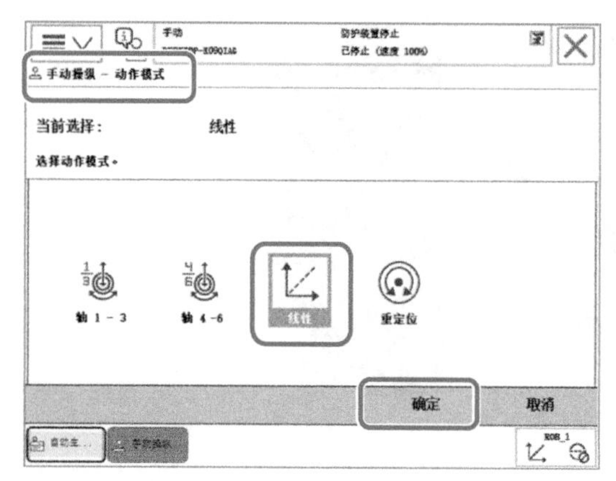

图 1-62　“线性”选项界面

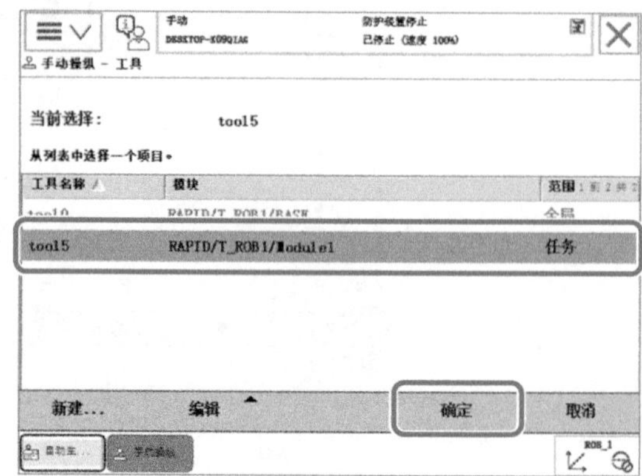

图 1-63　工具坐标系选项界面

第五步：按下使能器按钮“Enable”后，就可以实现线性运动操纵了，如图 1-64 所示。

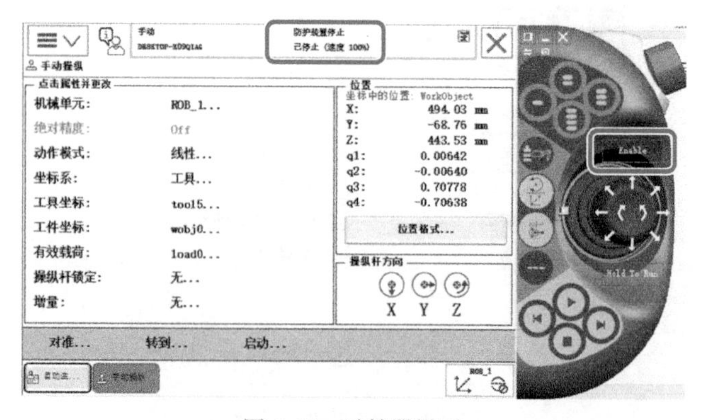

图 1-64　示教器界面

如果对使用操纵杆通过位移幅度来控制机器人运动的速度不熟练的话，那么可以使用“增量”模式来调整机器人的运动，如图 1-65 所示。在增量模式下，操纵杆每位移一次，机器人就移动一步。如果操纵杆持续 1s 或数秒钟，机器人就会持续移动。

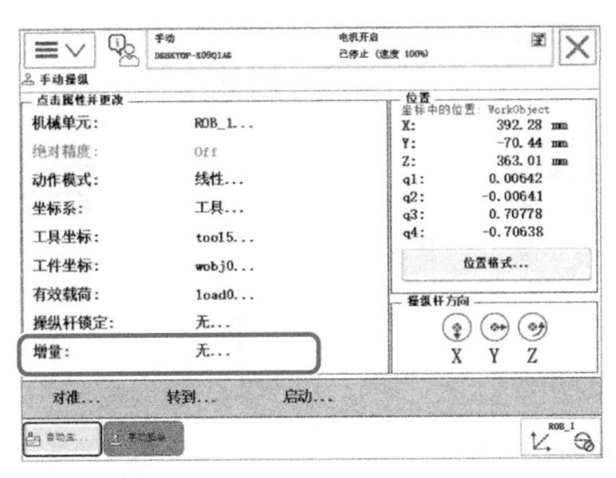

图 1-65　增量模式调整界面

增量模式共五种，其对应的直线与角度位移增量见表 1-4，其选项界面如图 1-66 所示。

表 1-4　增量模式参数设置

序号	增量	直线距离 /mm	角度（弧度）
1	无	自动	自动
2	小	0.05	0.005
3	中	1	0.02
4	大	5	0.2
5	用户	用户定义	用户定义

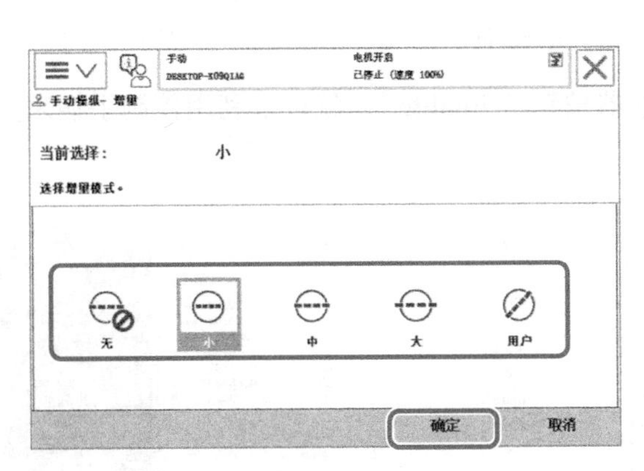

图 1-66　增量模式选项界面

4. 重定位运动操控机器人

机器人重定位运动就是在工业机器人 TCP 位置不变的情况下，工业机器人的 TCP 在空间上绕坐标轴旋转的运动，也就是绕着工业机器人的 TCP 点来

调整姿态。其操作方法与步骤如下：

第一步：单击 ABB 菜单，选择“手动操纵”选项，如图 1-67 所示。

第二步：将“动作模式”设为“重定位”，如图 1-68 所示。

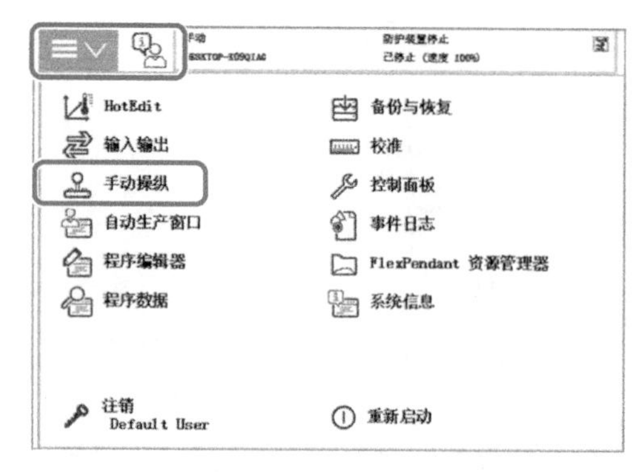

图 1-67　手动操纵菜单界面

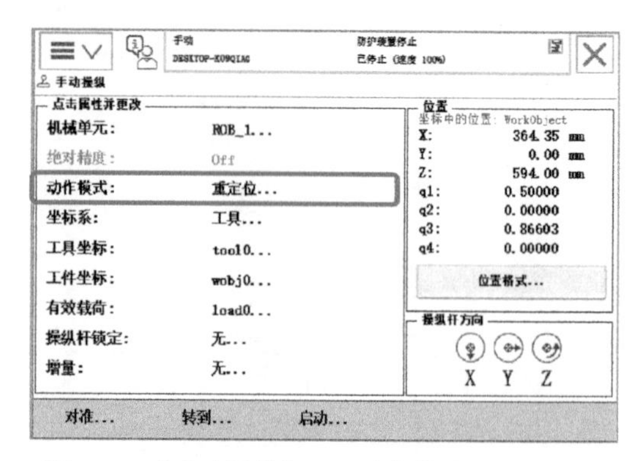

图 1-68　“手动操纵”→“动作模式”选项界面

第三步：选择一个已定义工具坐标系，如“tool5”，如图 1-69 所示。

第四步：单击“确定”按钮后出现最后的设置界面，如图 1-70 所示。

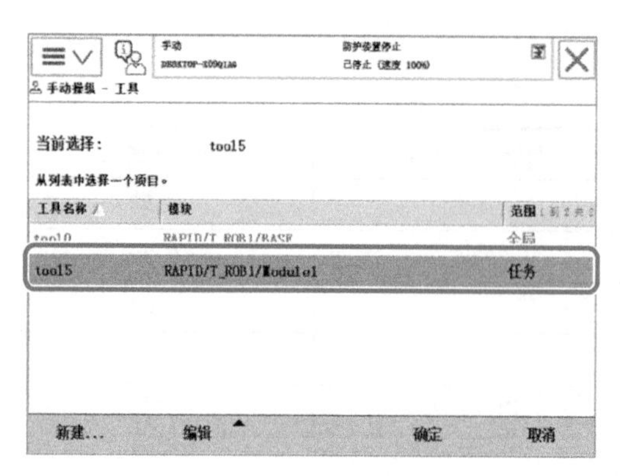

图 1-69　工具坐标系选项界面

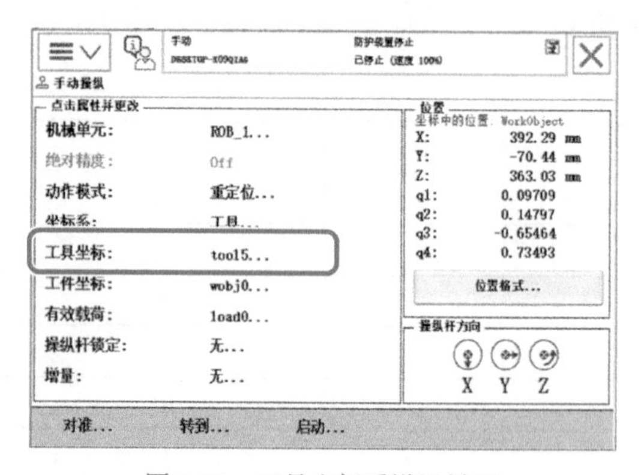

图 1-70　工具坐标系设置界面

第五步：单击使能器按钮“Enable”，就可以利用控制手柄来实现重定位操纵了，如图 1-71 所示。

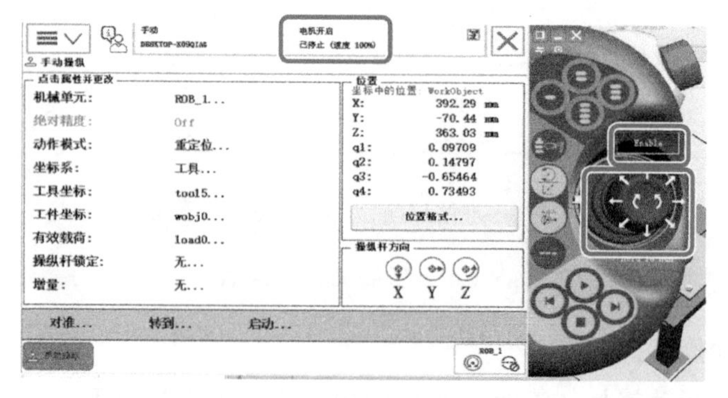

图 1-71　示教器界面

三、工件坐标系标定

定义工件坐标系

不同的加工工件，其形状是千差万别的，为方便工业机器人编程，往往要根据工件数据来定义一个工件坐标系。下面以三点法为例来介绍创建工件坐标系的方法与步骤。

第一步：在 ABB 菜单中选中“工件坐标”选项，如图 1-72 所示。

第二步：单击“新建”按钮，如图 1-73 所示。

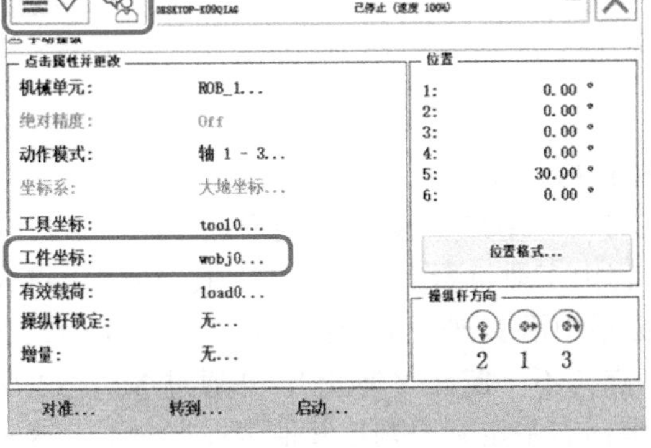

图 1-72　工件坐标系创建步骤一

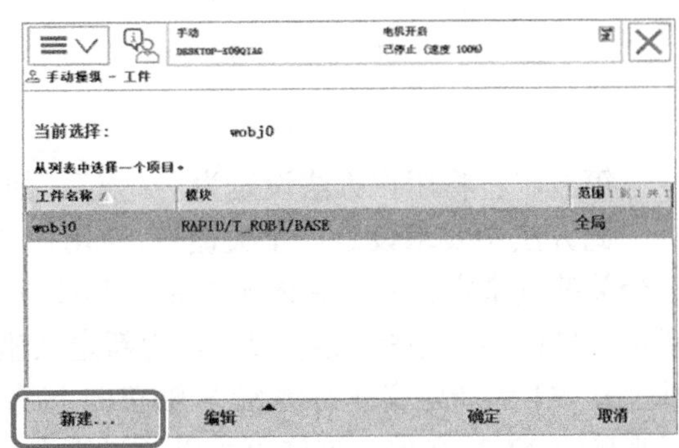

图 1-73　工件坐标系创建步骤二

若双击无法打开“工件”新建界面，就需要在工件数据编辑界面去新创建一个工件坐标系了。

第三步：对新工件坐标系数据属性进行设定。如新建一个工件坐标系“ wobj2”，用小键盘修改新定义坐标系名称为“wobj2”，单击“确定”按钮，如图 1-74 所示。

出现一个名称为“wobj2”的坐标系，如图 1-75 所示。

图 1-74　工件坐标系创建步骤三

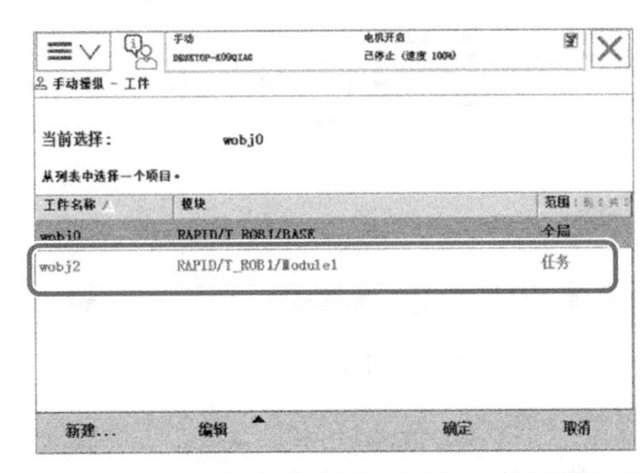

图 1-75　工件坐标系创建步骤三——新建结果界面

第四步：选中新建坐标系“ wobj2”，在“编辑”下拉菜单中选择“定义”选项，如图 1-76 所示。

出现坐标系定义界面，如图 1-77 所示。

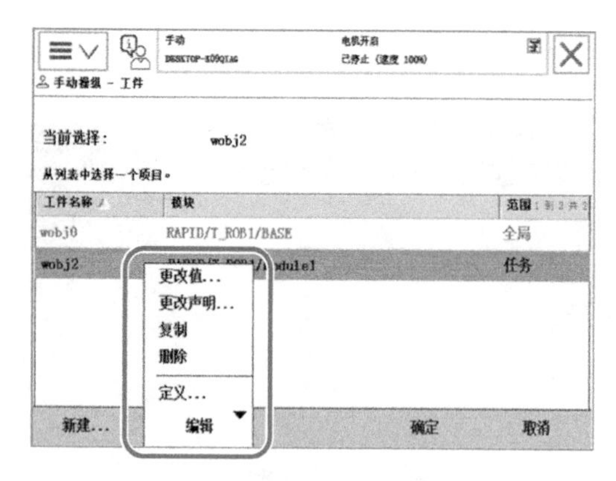

图 1-76　工件坐标系创建步骤四

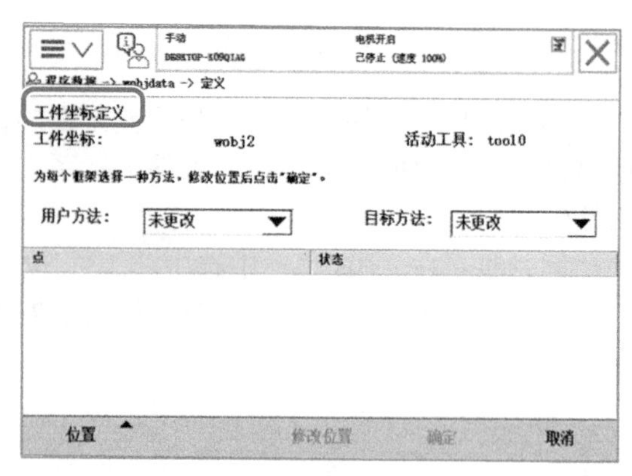

图 1-77　工件坐标系创建步骤四——定义界面

第五步：将用户方法设定为“3 点”，如图 1-78 所示。

此方法中要求设定三个关键点，“用户点 X1”“用户点 X2”“用户点 Y1”。通过这三个关键点来定义一个新的坐标系，其计算过程由工业机器人自动完成。其中的 X1 点为新定义坐标系的坐标原点，X2 点为新定义坐标系中沿 X 轴正向上的一点（一般认为在 X 轴上），Y1 为新定义坐标系沿 Y 轴正向上的一点（不一定在 Y 轴上），并通过 X2、Y1 两点来确定 XOY 平面。这样就可以通过笛卡儿坐标右手定则来判定其他坐标方向了。这三个点一般与工件上的特征点对应。

第六步：手动操纵工业机器人的工具参考点靠近新定义工件坐标的 X1 点。此点将被定义为新坐标系的原点，如图 1-79 所示。

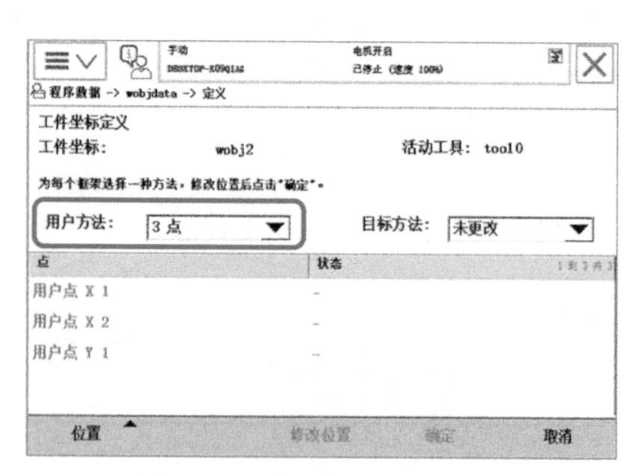

图 1-78　工件坐标系创建步骤五

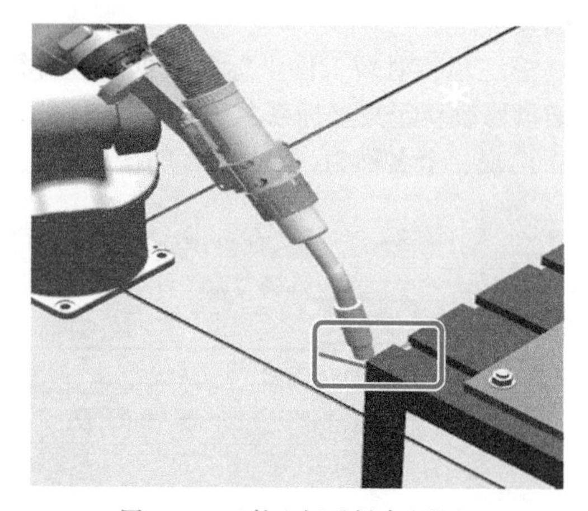

图 1-79　工件坐标系创建步骤六

第七步：单击“用户点 X1”→“修改位置”，将 X1 点的位置记录下来，如图 1-80 所示。

第八步：手动操纵机器人的工具参考点靠近新定义工件坐标的 X2 点。从新原点指向此点的方向将被定义为新坐标系的 X 轴正向，如图 1-81 所示。

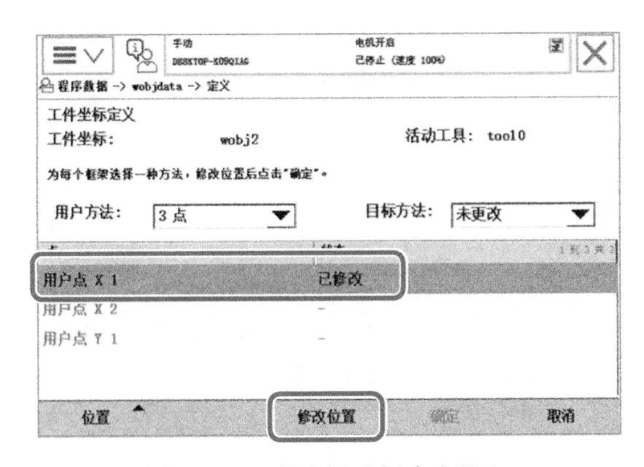

图 1-80　工件坐标系创建步骤七

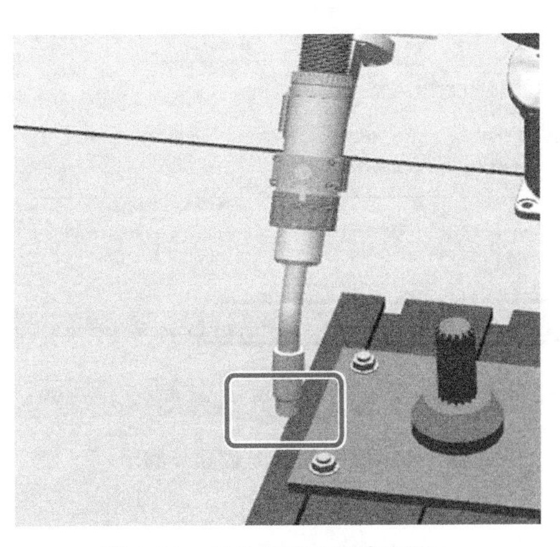

图 1-81　工件坐标系创建步骤八

第九步：单击“用户点 X2”→“修改位置”，将 X2 点的位置记录下来，如图 1-82 所示。

第十步：手动操纵机器人的工具参考点靠近新定义工件坐标的 Y1 点，如图 1-83 所示。从新原点指向此点的方向将被定义为新坐标系的 Y 轴正向。

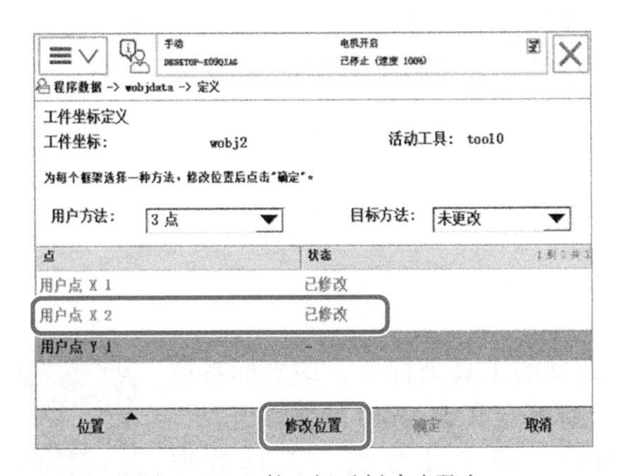

图 1-82　工件坐标系创建步骤九

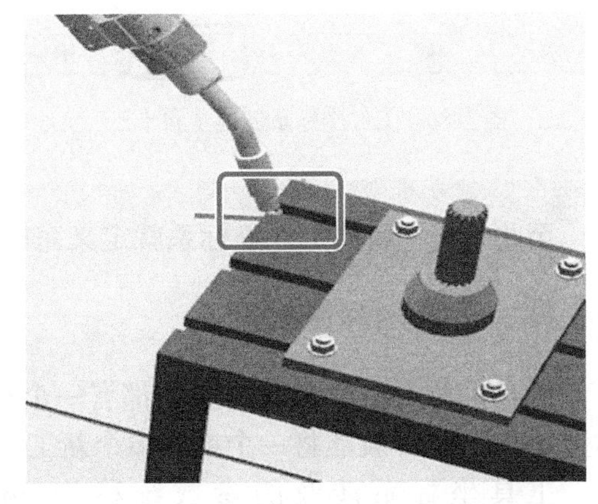

图 1-83　工件坐标系创建步骤十

第十一步：单击“用户点 Y1”→“修改位置”，将 Y1 点的位置记录下来，如图 1-84 所示。

第十二步：单击“确定”按钮，出现坐标系定义确认对话框，确认后单击“确定”按钮，如图 1-85 所示。

第十三步：单击“ wobj2”后，单击“确定”按钮，新坐标系定义完成，如图 1-86 所示。

第十四步：选择新创建的工件坐标系，使用线性动作模式，观察移动的方向是否合乎要求，如图 1-87 所示。

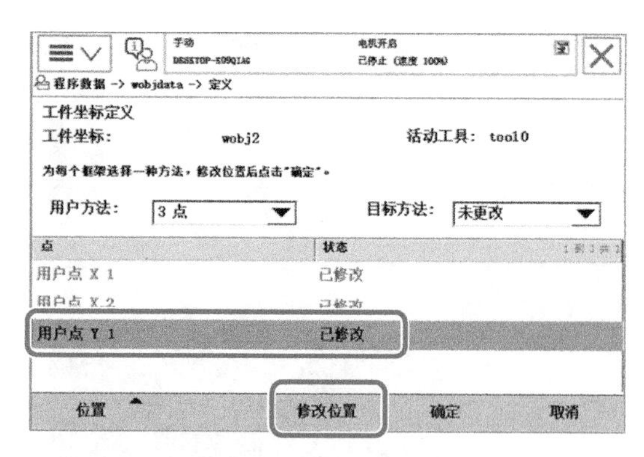

图 1-84　工件坐标系创建步骤十一

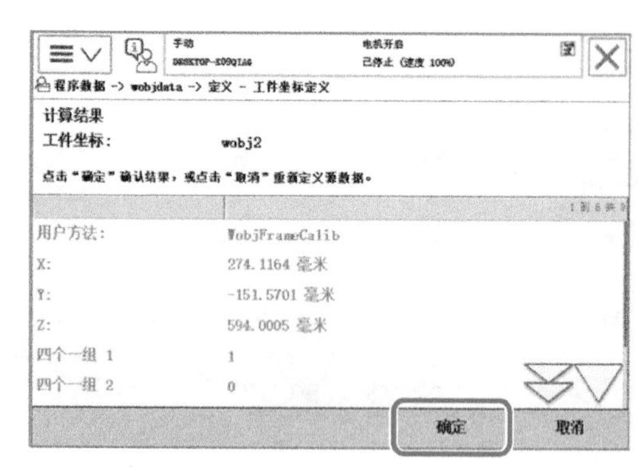

图 1-85　工件坐标系创建步骤十二

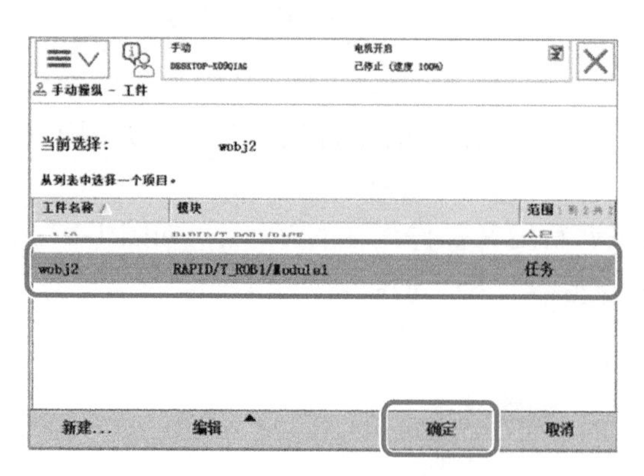

图 1-86　工件坐标系创建步骤十三

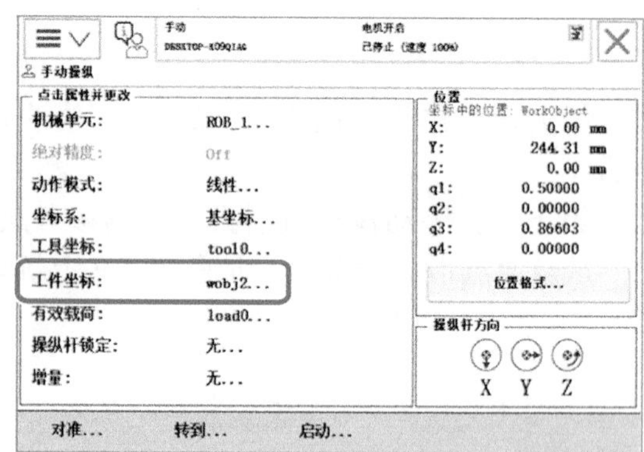

图 1-87　工件坐标系创建步骤十四

至此，一个新的工件坐标系就定义完成了。

四、工具坐标系标定

所有机器人在第六轴法兰处都有一个预定义的工具坐标系，该坐标系被称为 tool0。这样就能将一个或者多个新工具坐标系定义为 tool0 的偏移值。

定义工具坐标系

工具坐标系涉及的参数统称为 tooldata，即工具数据。工具数据（tooldata）用于描述安装在机器人第六轴上的工具坐标 TCP（也就是工具坐标系的原点，即工具中心点）、质量、重心等参数数据。

工具数据会影响机器人的控制算法（如计算加速度）、速度和加速度监控、力矩监控、碰撞监控、能量监控等，因此机器人的工具数据需要正确设置。

工具数据 tooldata 设定

默认工具（tool0）的工具中心点位于机器人安装法兰的中心，如图 1-88 所示，图中标注的点就是原始的 TCP。执行程序时，要求机器人将 TCP 移至编程位置，这意味着，如果更改了工具及工具坐标系，机器人的移动也将随之更改，以便新的 TCP 能按照预定要求到达目标。

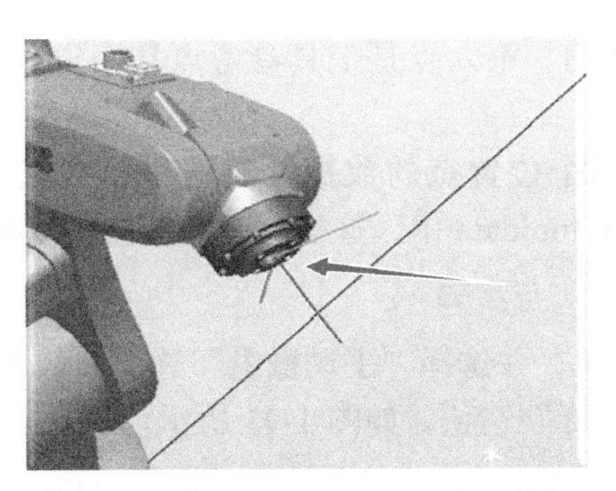

图 1-88　默认工具坐标系 tool0 中心点位置

一般不同的机器人应用会配置不同的工具，例如，弧焊机器人会将弧焊枪作为工具，而用于搬运板材的机器人则会使用吸盘式的夹具作为工具，如图 1-89 所示。

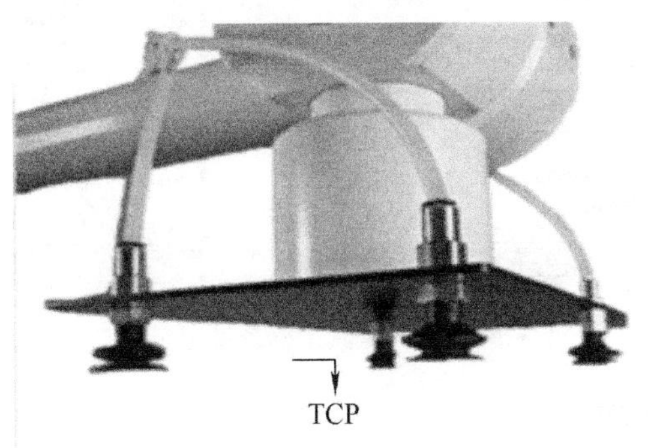

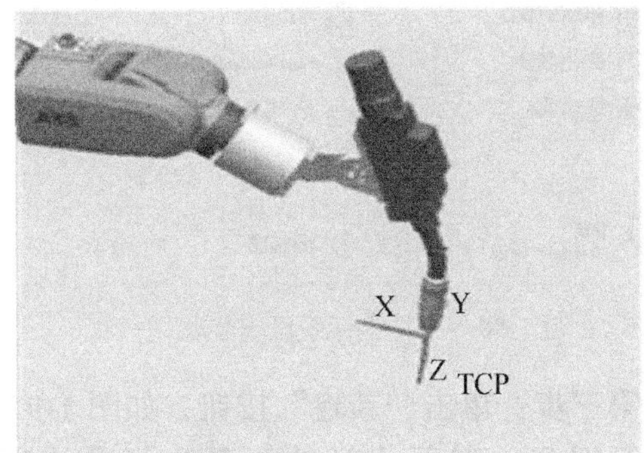

图 1-89　不同工具或工具坐标系下的 TCP 位置

1. TCP 的几种设定方法

（1）N（$3 \leqslant N \leqslant 9$）点法

机器人的 TCP 通过 N 种不同的姿态与参考点接触，得出多组解，通过计算得出当前 TCP 与机器人安装法兰中心点（tool0）的相应位置，其坐标系方向与 tool0 一致。

（2）TCP 和 Z 法

在 N 点法的基础上，增加 Z 点，Z 点与参考点的连线为坐标系 Z 轴的方向，改变了 tool0 的 Z 方向。

（3）TCP 和 Z，X 法

在 N 点法的基础上，增加 X 点和 Z 点，X 点与参考点的连线为坐标系 X 轴的方向，Z 点与参考点的连线为坐标系 Z 轴的方向，改变了 tool0 的 X 和 Z 方向。

2. TCP 和 Z，X 法（N=4）设定原理

1）首先在机器人工作范围内找一个非常精确的固定点作为参考点。

2）在工具上确定一个参考点（最好是工具的中心点）。

3）用手动操纵机器人的方法，去移动工具上的参考点，以四种以上不同的机器人姿态尽可能与固定点刚好碰上。前三个点的姿态区分度尽量大些，这样有利于 TCP 精度的提高。第四点是用工具的参考点垂直于固定点，第五点是工具参考点从固定点向将

要设定为 TCP 的 X 方向移动，第六点是工具参考点从固定点向将要设定为 TCP 的 Z 方向移动。

4）机器人通过这前四个位置点的数据计算求得新定义 TCP 的数据，然后新定义 TCP 的数据就会自动保存在 tooldata 中，这样这个数据就可以被程序进行调用了。

3. 工具坐标系的设定方法与步骤

第一步：单击 ABB 菜单，并选择“手动操纵”选项，如图 1-90 所示。

第二步：选择“工具坐标”选项，如图 1-91 所示。

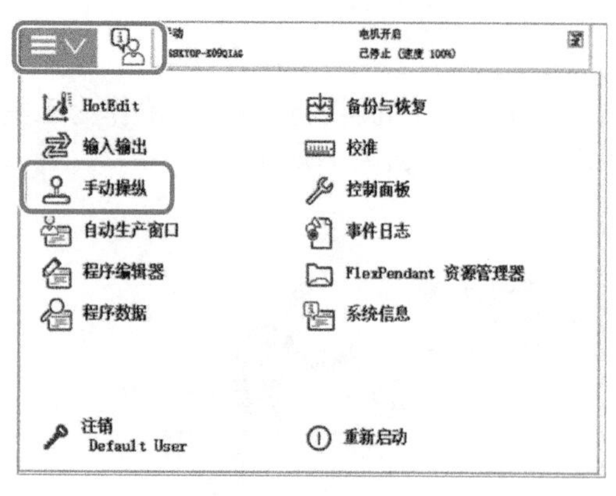

图 1-90　工具坐标系设定步骤一

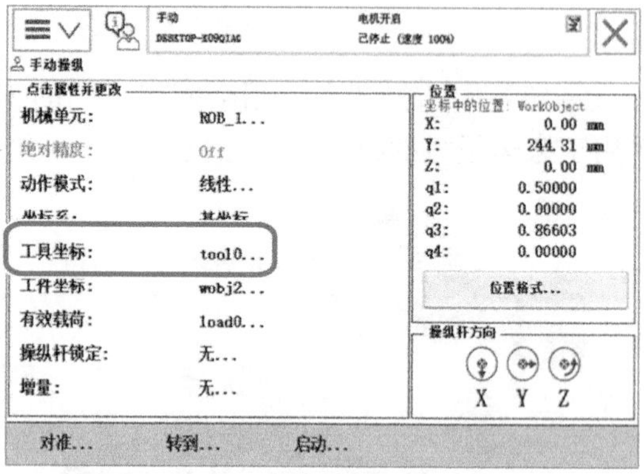

图 1-91　工具坐标系设定步骤二

第三步：单击“新建”按钮，如图 1-92 所示。

第四步：对新定义的工具坐标系进行参数修改，如将“名称”中的内容修改为“tool5”，单击“确定”按钮，如图 1-93 所示。

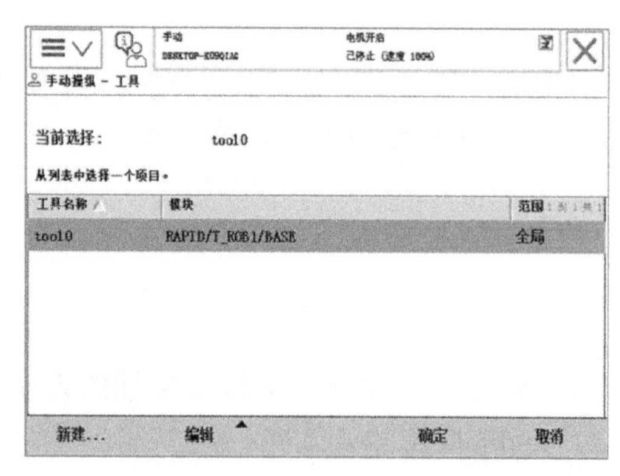

图 1-92　工具坐标系设定步骤三

图 1-93　工具坐标系设定步骤四

第五步：选中 tool5，单击“编辑”下拉菜单中的“定义”选项，如图 1-94 所示。

第六步：进行 TCP 设定，在“方法”下拉列表中选择“TCP 和 Z，X”，并设定点数 N=4，如图 1-95 所示。

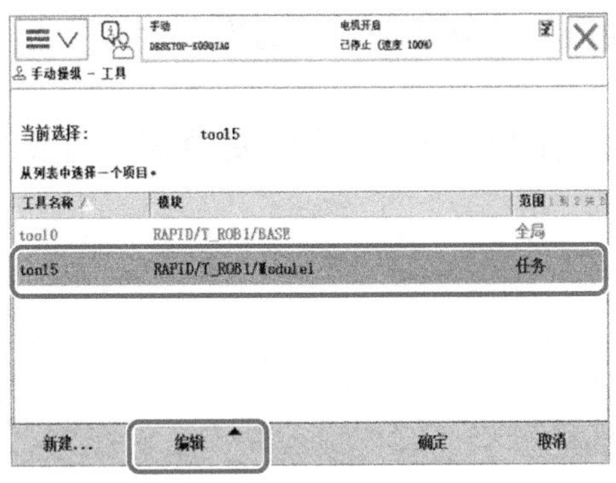

图 1-94　工具坐标系设定步骤五

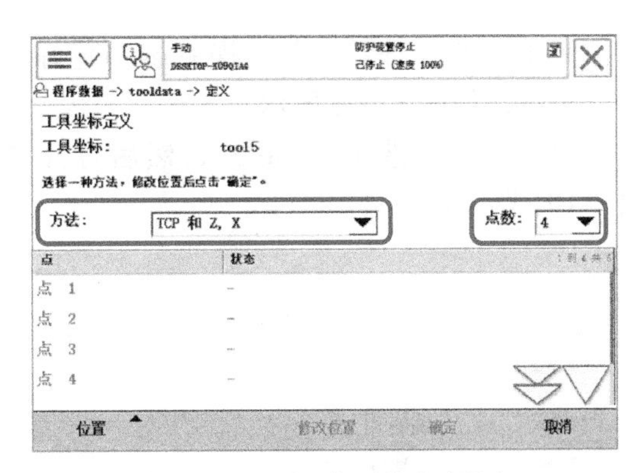

图 1-95　工具坐标系设定步骤六

第七步：使操作手柄靠近固定点，如图 1-96 所示。此机器人姿态将作为第一个点。

第八步：单击“修改位置”按钮完成第一点的修改，如图 1-97 所示。

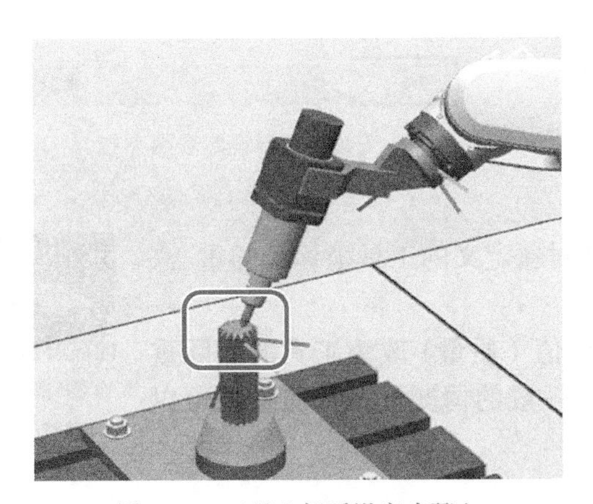

图 1-96　工具坐标系设定步骤七

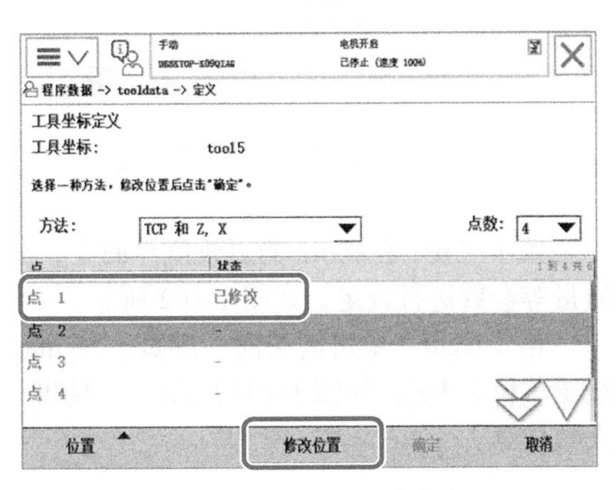

图 1-97　工具坐标系设定步骤八

第九步：按照上述操作过程依次完成对点 2、3、4 的修改，每一次的机器人姿态都要不同，区分度越大，最后的定义精度越高，如图 1-98 所示。

第十步：操控机器人使工具坐标系参考点以点 4 的姿态分别从固定点移动到工具 TCP 的 +X 方向和 +Z 方向，并依次保存，单击“确定”按钮，如图 1-99 所示。

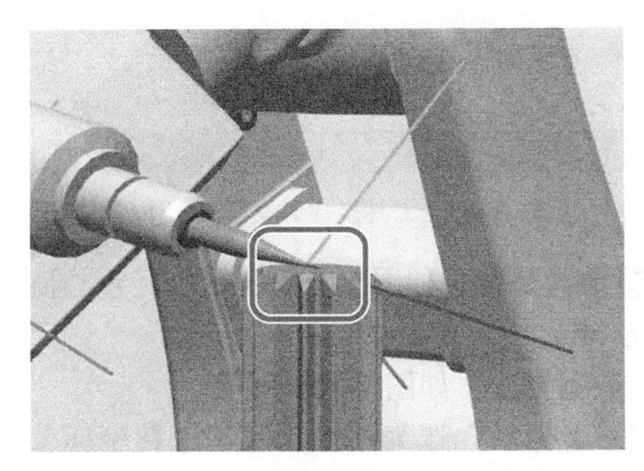

图 1-98　工具坐标系设定步骤九

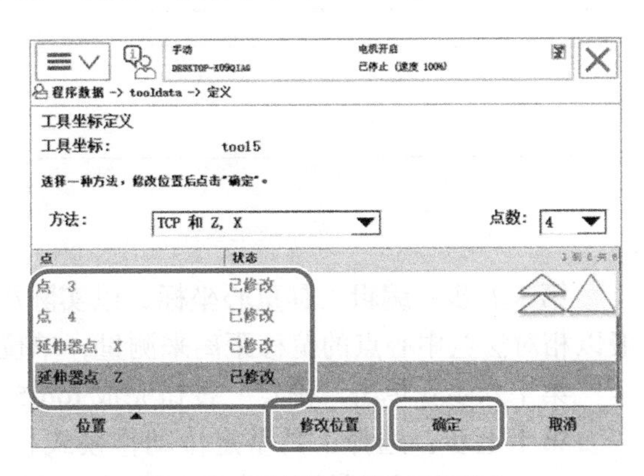

图 1-99　工具坐标系设定步骤十

第十一步：查看误差，误差越小越好，但也要以实际验证效果为准，然后单击“确定”按钮，如图 1-100 所示。

第十二步：选中“tool5”，然后打开“编辑”下拉菜单并选择“更改值”选项，如图 1-101 所示。

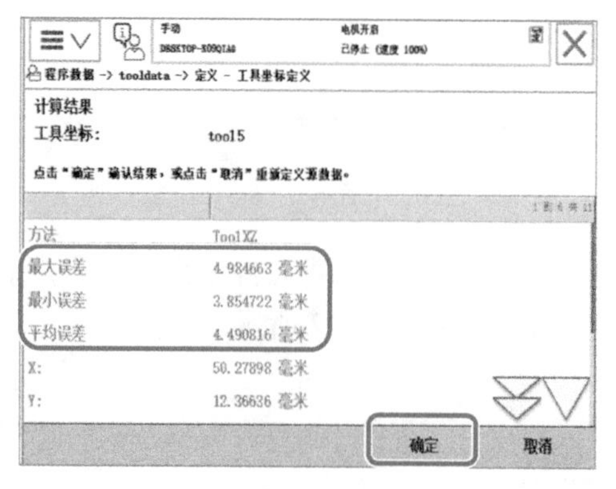

图 1-100　工具坐标系设定步骤十一

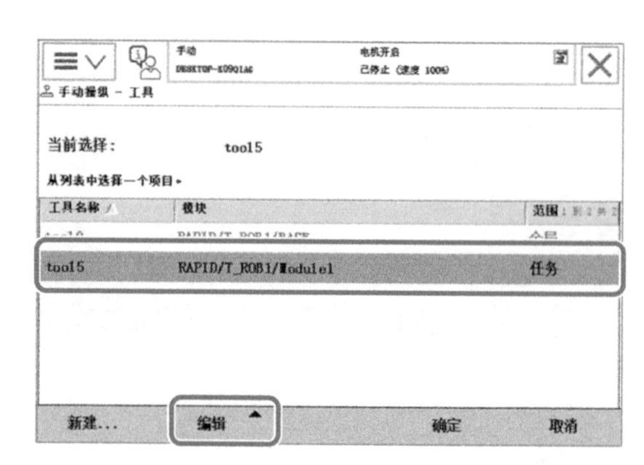

图 1-101　工具坐标系设定步骤十二

第十三步：在 tool5 的更改值界面中，分别对新定义的工具坐标系的重心、质量等参数进行设定，如图 1-102 所示。

第十四步：单击箭头向下翻页，将 mass 的值（质量）改为工具的实际重量（单位为 kg），如图 1-103 所示。在精度要求一般的情况下，其质量值可以大致估算。

TCP 测量 mass 值

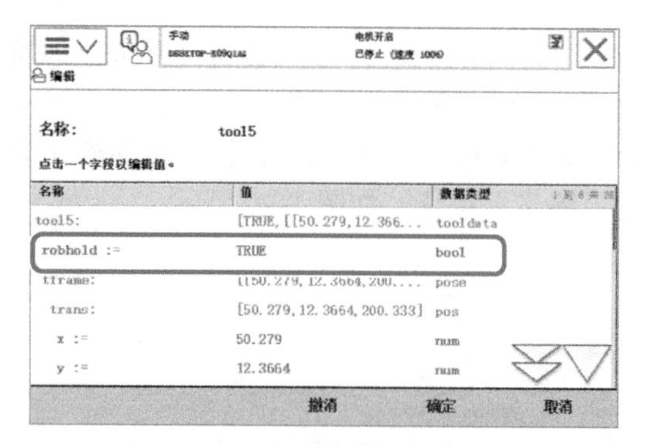

图 1-102　工具坐标系设定步骤十三

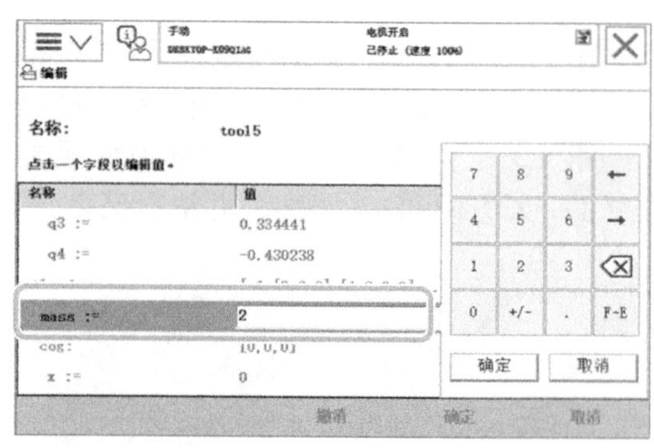

图 1-103　工具坐标系设定步骤十四

第十五步：编辑工具重心坐标，以实际测量值为最佳，如图 1-104 所示。其重心值一般以相对法兰中心点的偏移距离来测量，单位为 mm。

第十六步：单击“确定”按钮完成 tool5 的数据更改，如图 1-105 所示。

第十七步：选择工具重定位动作模式，把“坐标系”选为“工具”，“工具坐标”选为“tool5”。通过示教器操作可验证对 tool5 坐标系的操作效果，如图 1-106 所示。

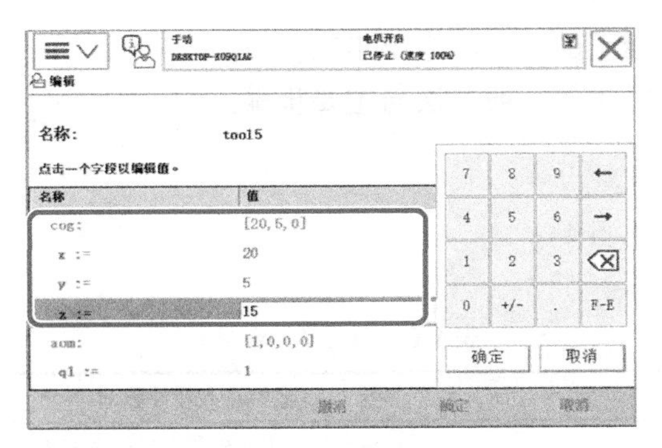

图 1-104　工具坐标系设定步骤十五

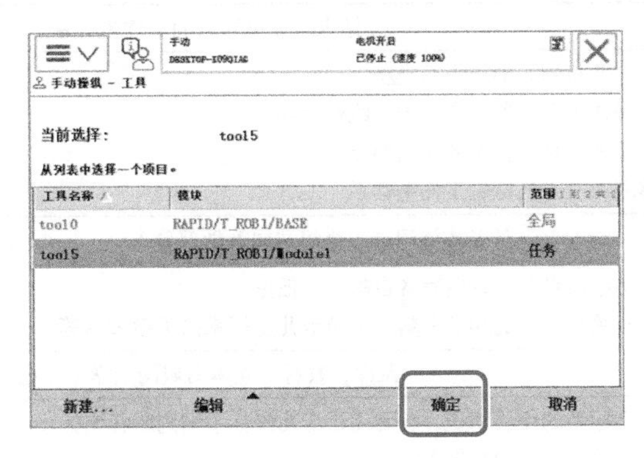

图 1-105　工具坐标系设定步骤十六

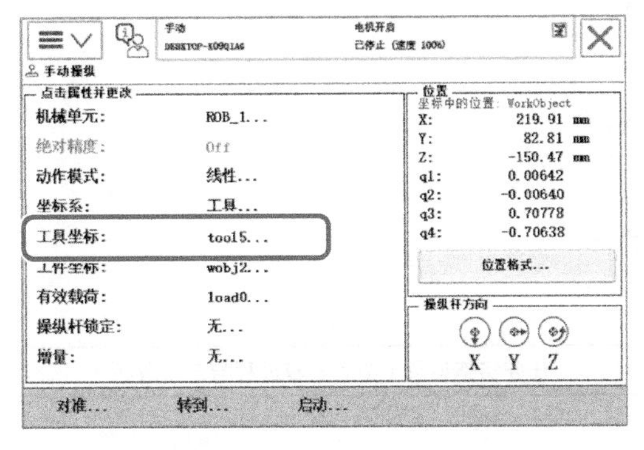

图 1-106　工具坐标系设定步骤十七

至此，一个新的工具坐标系设定完成。

练一练

1. 工业机器人坐标系主要有五种，分别是________坐标系、________坐标系、________坐标系、________坐标系和________坐标系。

2. 手动操纵工业机器人的模式主要有________、________和重定位运动三种。

3. 手动模式下，工业机器人的运行速度最高只能达到________mm/s。

4. 简述标定工件坐标系的方法与主要步骤。
5. 简述标定工具坐标系的一般方法与主要步骤。

任务单（表 1-5）

表 1-5 单元学习任务单

<table>
<tr><td>学习领域</td><td colspan="3">工业机器人硬件基础</td></tr>
<tr><td>学习单元</td><td colspan="3">单元三　工业机器人坐标系基础</td></tr>
<tr><td>组　员</td><td></td><td>时间</td><td></td></tr>
<tr><td>任　务</td><td colspan="3">标定工业机器人的工件坐标系</td></tr>
<tr><td>任务要求</td><td colspan="3">1. 认知工业机器人的坐标系类型；
2. 能够操作工业机器人实现轴、线性运动；
3. 能够理解工件坐标系的应用要点；
4. 能够利用三点法标定工件坐标系</td></tr>
<tr><td colspan="4">任务实施记录（小组共同策划部分）</td></tr>
<tr><td>任务调研</td><td colspan="3">1. 确认小组成员分工，明确各自的工作任务；
2. 学习有关坐标系的相关资料，如笛卡儿坐标系的手型表示等</td></tr>
<tr><td>需要资料准备</td><td colspan="3">课件、教材、立体书城网上学习平台</td></tr>
<tr><td>知识与技能要点</td><td colspan="3">1. 认知坐标系的相关知识，会利用笛卡儿坐标手型判断各坐标轴的指向及判定各轴旋转方向；
2. 掌握工件坐标系的标定方法；
3. 进一步掌握机器人的操控技巧</td></tr>
<tr><td>小组实施
效果记录</td><td colspan="3">整体效果：

满意之处：

待改进之处：</td></tr>
<tr><td colspan="4">任务实施记录（个人实施过程与效果分析）</td></tr>
<tr><td>个人任务
描述</td><td colspan="3"></td></tr>
<tr><td>个人实施
过程与效果
分析</td><td colspan="3"></td></tr>
<tr><td>自我评价</td><td colspan="3">满意之处：

待改进之处：</td></tr>
</table>

注：此表适当调整后，也可以用以开展工具坐标系的标定。

赛一赛

开展在工作站标定新的工件坐标系赛一赛活动。在没有完全熟练掌握工业机器人操纵技巧的情况下，建议用方形纸盒作为目标工件来练习工件坐标标定。将方形纸盒在工作台上随机（也可以倾斜）摆放，随机指定方盒某一角为待标定工件坐标系原点，其他某两个边为新标定坐标系的X、Y轴正向，按要求标定一个新工件坐标系Pract01，评分标准见表1-6。

表1-6　赛一赛评分标准（满分：20分）

序号	评分项	权重	评分结果	得分	备注
操作完成情况					
1	完成时间（2min内）	6	是　否		
2	工件坐标系命名合规	3	是　否		
3	X1点设置正确	2	是　否		
4	X2点设置正确	2	是　否		
5	Y1点设置正确	2	是　否		
6	新工件坐标系验证通过	1	是　否		
素养与安全					
7	规范操作工业机器人，没有发生碰撞等危险操作行为	1	是　否		
8	独立完成坐标系标定工作	2	是　否		
9	完成坐标系标定后，整理工作现场	1	是　否		
总得分					

注：可将此表进行适当修改后，开展工具坐标系标定赛一赛活动。

单元四　工业机器人的其他基本操作

知识与技能

1. 理解转数计数器更新的必要性；
2. 理解日志信息的功能与类型；
3. 掌握工业机器人系统参数的编辑、添加、保存与加载等操作技能；
4. 熟练掌握工业机器人I/O信号的创建技能；
5. 掌握工业机器人系统的备份与恢复方法。

过程与方法

1. 能独立完成转数计数器更新操作；
2. 能准确查询工业机器人日志，并正确使用工业机器人日志信息；
3. 能按要求添加 I/O 系统信号；
4. 能正确完成工业机器人系统的备份与恢复。

情感与态度

1. 进一步磨砺团队配合意识；
2. 培养技术立身意识，树立创建如日志信息等各类形式技术文档的意识；
3. 进一步培养 7S 管理素养。

一、转数计数器的更新

工业机器人的六个关节轴都有一个机械原点位置。只有规定了工业机器人的机械原点，才能保证工业机器人达到精度控制的要求，并确保实现编程所设定的动作运动，机械原点是工业机器人所有动作的基础参考点。在以下情况下，需要对机械原点的位置进行转数计数器更新操作：

1）更换伺服电动机转数计数器电池后；

2）当转数计数器发生故障并修复后；

3）转数计数器与测量板之间断开过；

4）断电后，机器人关节轴发生了移动；

5）当系统报警提示“10036 转数计数器更新”时。

转数计数器的更新就是将机器人各个轴停到机械原点，把各轴上的刻度线和对应的槽对齐，然后通过示教器进行校准更新。

机器人的转数计数器采用独立的电池供电，用来记录各个轴的基准位置数据。如果示教器提示电池没电，或者机器人在断电情况下手臂位置移动了，这时就需要对计数器进行更新，否则机器人运行位置就是不准的。其操作方法与步骤如下：

第一步：通过手动操纵，选择对应的轴动作模式：“轴 4-6”和“轴 1-3”，按照 4-5-6-1-2-3 的顺序依次将机器人的六个轴转到机械原点刻度位置，如图 1-107 所示。

机器人转速计数器的更新

第二步：在主菜单界面选择“校准”选项，如图 1-108 所示。

第三步：选择“ROB_1”为需要校准的机械单元，如图 1-109 所示。

第四步：在校准选项中选择“手动方法（高级）”，如图 1-110 所示。

第五步：在校准选项菜单中选择“校准参数”→“编辑电机校准偏移”选项，如图 1-111 所示。

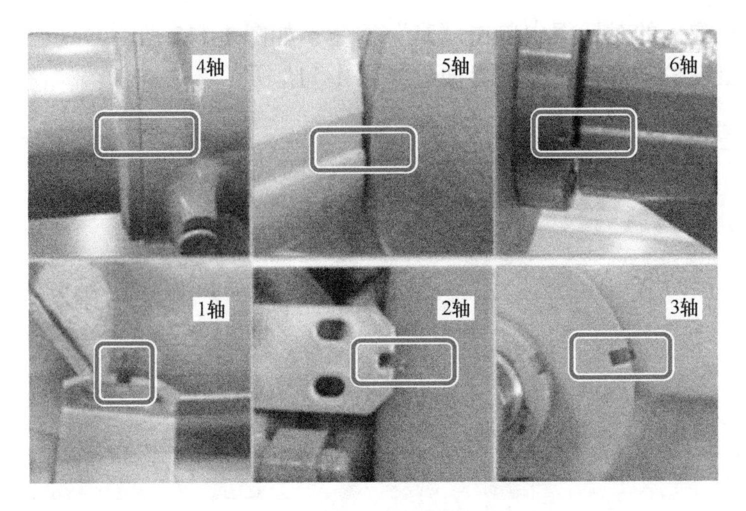

图 1-107　计数器更新操作步骤一

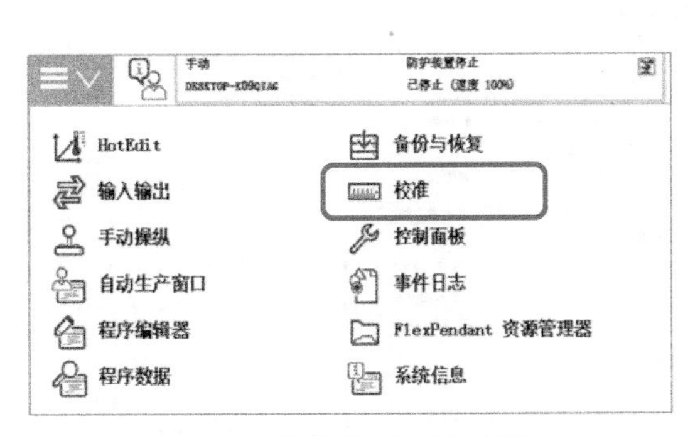

图 1-108　计数器更新操作步骤二

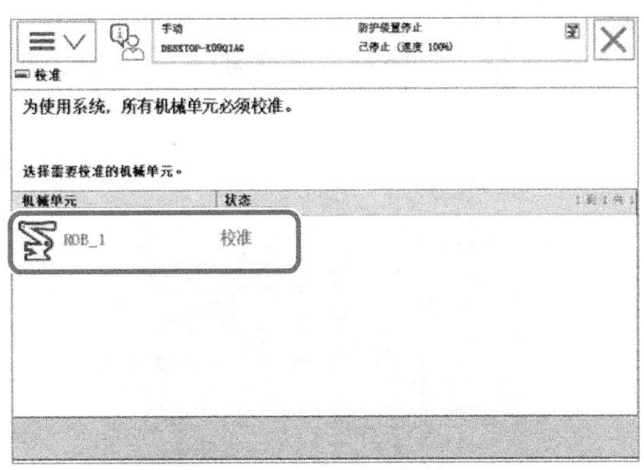

图 1-109　计数器更新操作步骤三

手动　DESKTOP-K09QIAG　防护装置停止　已停止（速度 100%）

校准 - ROB_1

ROB_1：校准

校准方法

轴	使用了工厂方法	使用了最新方法
rob1_1	未定义	未定义
rob1_2	未定义	未定义
rob1_3	未定义	未定义
rob1_4	未定义	未定义
rob1_5	未定义	未定义
rob1_6	未定义	未定义

手动方法（高级）　调用校准方法　关闭

图 1-110　计数器更新操作步骤四

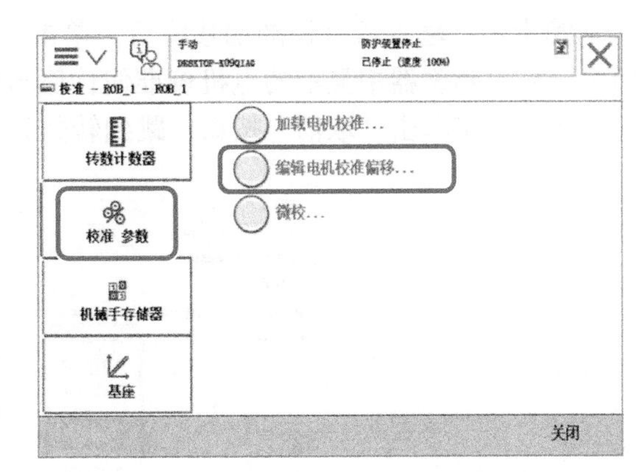

图 1-111　计数器更新操作步骤五

第六步：在弹出的对话框中单击“是”按钮，如图 1-112 所示。

第七步：出现校准偏移值输入界面，如图 1-113 所示。

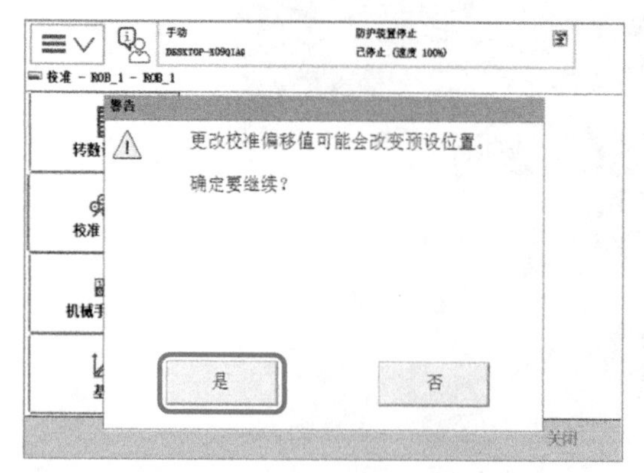

图 1-112　计数器更新操作步骤六

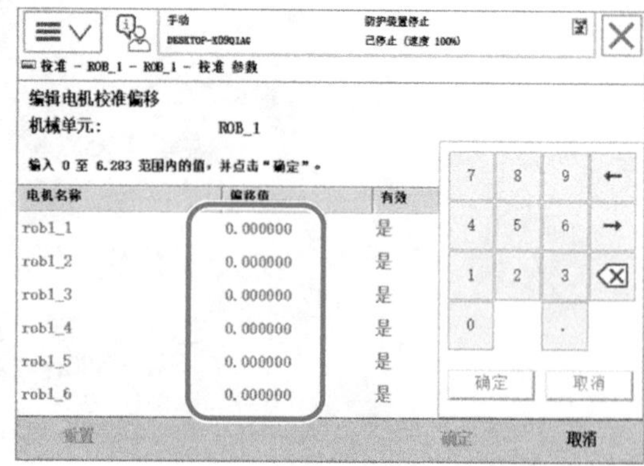

图 1-113　计数器更新操作步骤七

第八步：在机器人本体上找到各轴原始偏移值（一般张贴在机器人本体的侧面），如图 1-114 所示。

第九步：依序输入六个轴的偏移值，如图 1-115 所示。

14-80138	
Axis	Resolver Values
1	0.712822
2	4.530996
3	5.563748
4	5.486762
5	0.152056
6	0.781180

图 1-114　计数器更新操作步骤八

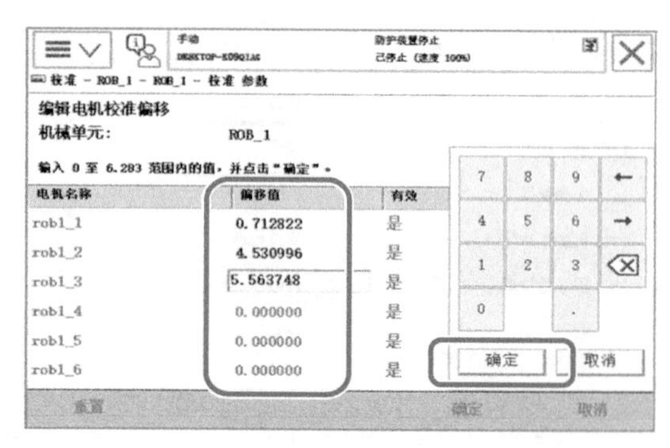

图 1-115　计数器更新操作步骤九

第十步：输入所有校准偏移值后，单击“确定”按钮，重新启动示教器，如图 1-116 所示。如果示教器中显示的电机校准偏移值与机器人本体上的标签数值一致，则不需要进行修改，直接单击“取消”按钮，跳到转数计数器更新环节。

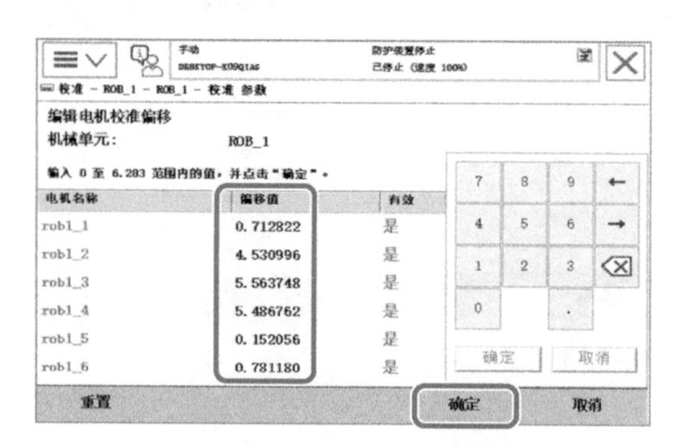

图 1-116　计数器更新操作步骤十

第十一步：如果示教器中显示的电机校准偏移值与机器人本体上的标签数值不一致，则重启控制器后，修改的值将作为新的偏移值存储在系统中，将通过转数计数器更新环节实现更新，如图 1-117 所示。

第十二步：重启控制器，依序选择“校准”→“ROB_1”→“手动方法（高级）”→“更新转数计数器”选项，如图 1-118 所示。

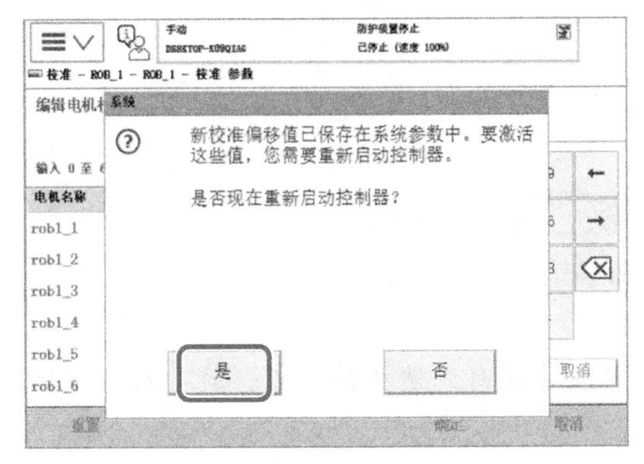

图 1-117　计数器更新操作步骤十一

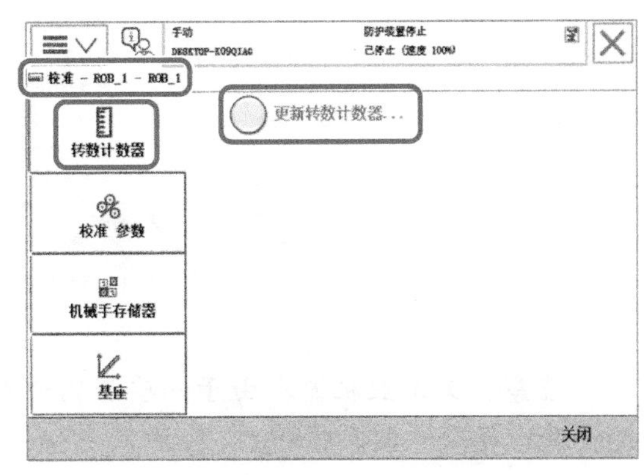

图 1-118　计数器更新操作步骤十二

第十三步：单击“更新转数计数器”，在弹出的对话框中单击“是”按钮，如图 1-119 所示。

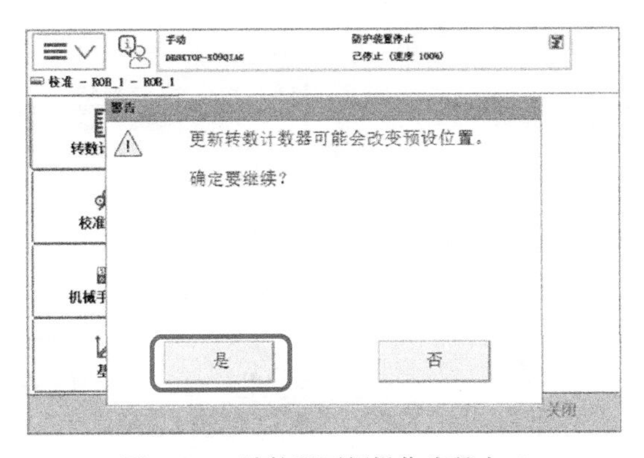

图 1-119　计数器更新操作步骤十三

第十四步：选中“ROB_1”，单击“确定”按钮，如图 1-120 所示。

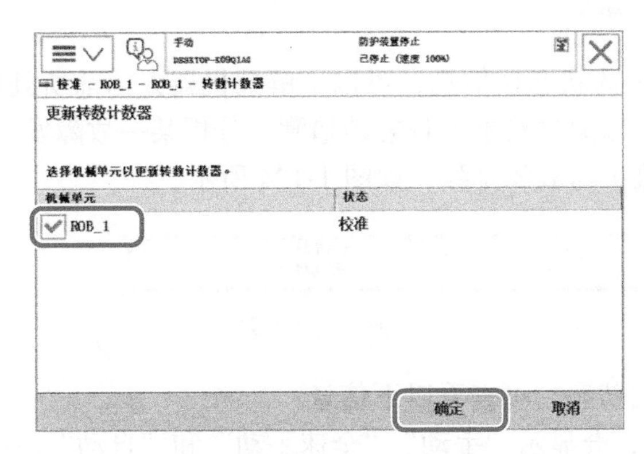

图 1-120　计数器更新操作步骤十四

第十五步：单击“全选”按钮，然后单击“更新”按钮，如图 1-121 所示。

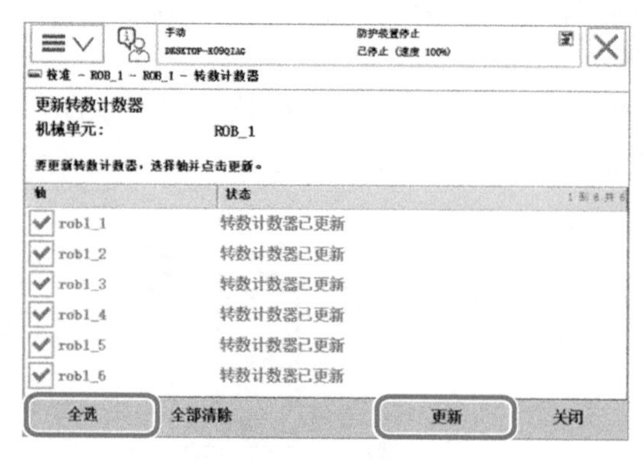

图 1-121　计数器更新操作步骤十五

注意：若工业机器人由于一些原因六个轴无法同时到达机械原点，就要对六个轴逐一进行转数计数器更新。

第十六步：在确认对话框中单击“更新”按钮，如图 1-122 所示。

第十七步：至此转数计数器更新完成，关闭所有对话框即可，如图 1-123 所示。

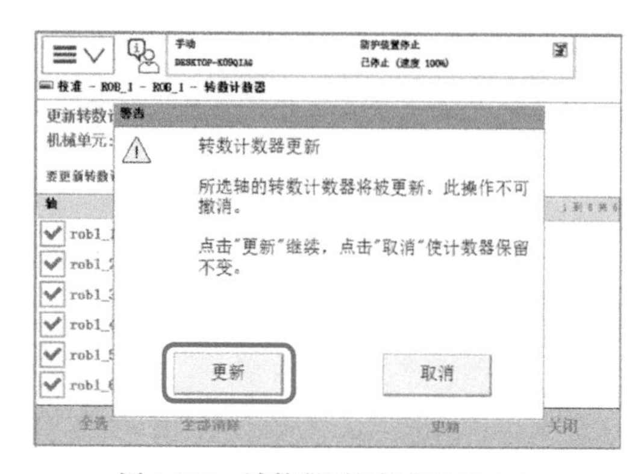

图 1-122　计数器更新操作步骤十六

图 1-123　计数器更新操作步骤十七

二、常用信息与事件日志查看

通过查看示教器上的状态栏信息，可以了解到机器人当前所处的状态及存在的问题。同时，可以通过对事件日志的追溯，分析某一故障发生的原因，以方便机器人系统的维护与故障排除，如图 1-124 所示。

通过示教器查看机器人常用信息与事件日志

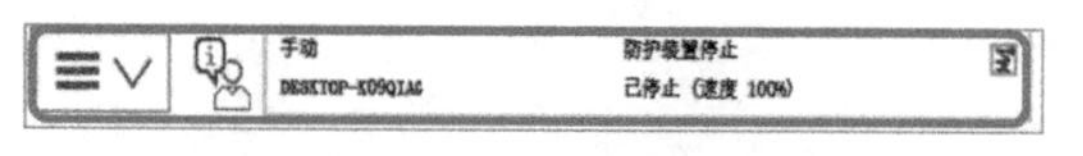

图 1-124　工业机器人的状态栏

通过工业机器人的状态栏可查看以下信息：

1）机器人的状态，会显示“手动”“全速手动”和“自动”三种状态。

2）机器人系统信息。

3）机器人电动机状态，如果使能键第一档按下会显示“电机开启”，如果使能键第一档松开或第二档按下会显示“防护装置停止”。

4）机器人程序运行状态，显示程序的运行或停止。

5）当前机器人或外轴的使用状态。

在示教器的操作界面上单击状态栏，就可以直接查看机器人的事件日志，如图 1-125 所示。

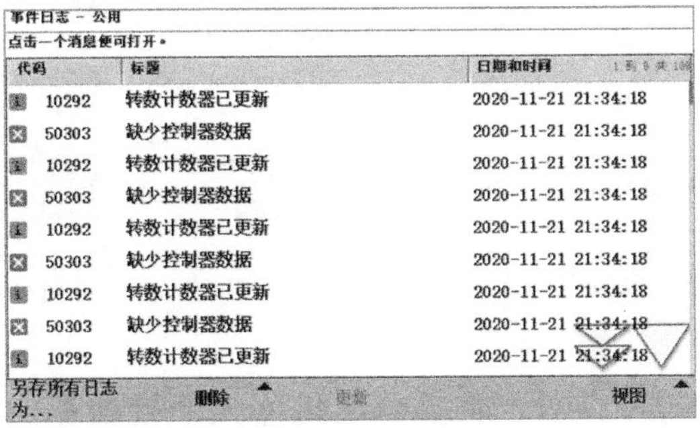

事件日志 - 公用

点击一个消息便可打开。

代码	标题	日期和时间
10292	转数计数器已更新	2020-11-21 21:34:18
50303	缺少控制器数据	2020-11-21 21:34:18
10292	转数计数器已更新	2020-11-21 21:34:18
50303	缺少控制器数据	2020-11-21 21:34:18
10292	转数计数器已更新	2020-11-21 21:34:18
50303	缺少控制器数据	2020-11-21 21:34:18
10292	转数计数器已更新	2020-11-21 21:34:18
50303	缺少控制器数据	2020-11-21 21:34:18
10292	转数计数器已更新	2020-11-21 21:34:18

另存所有日志为…　删除　更新　视图

图 1-125　事件日志的列表

为方便对事件日志消息的理解，一般按特定的格式来书写事件日志消息。部分事件日志的类型与说明见表 1-7。

表 1-7　部分事件日志的类型与说明

编号	序列	事件类型	说明
1×	×××	操作事件	与系统处理有关的事件
2×	×××	系统事件	与系统功能、系统状态等有关的事件
3×	×××	硬件事件	与系统硬件、操纵器以及操纵器硬件有关的事件
4×	×××	程序事件	与 RAPID 指令、数据等有关的事件
5×	×××	动作事件	与控制操纵器的移动和定位有关的事件
7×	×××	I/O 事件	与输入和输出、数据总线等有关的事件
8×	×××	用户事件	用户定义的事件

三、机器人系统参数的管理

系统参数用于定义工业机器人系统配置情况，也可在出厂时根据客户要求而进行个性化定义，可使用 FlexPendant 或 RobotStudio Online 来编辑工业机器人的系统参数。

1. 机器人系统参数的查询

机器人系统参数在控制器中根据不同的类型可分为五个主题，分别是：人机交互、控制器、通信、驱动和 I/O 系统。同一主题中的所有参数都被存储在一个单独的配置文件中，这样的文件称为 CFG 文件。

第一步：单击 ABB 菜单中的“控制面板”，如图 1-126 所示。

第二步：单击“配置”选项，如图 1-127 所示。

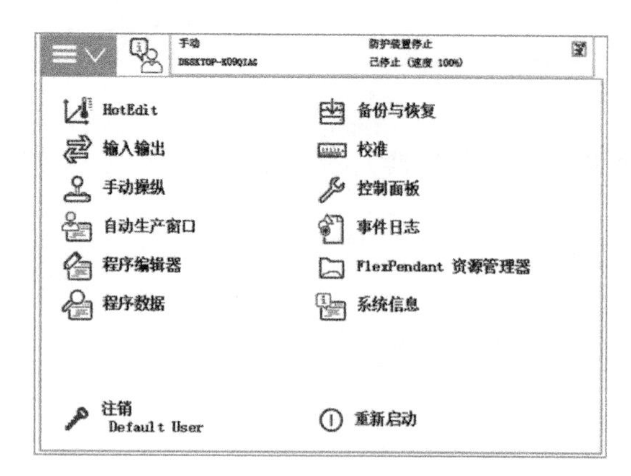

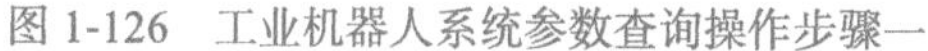

图 1-126　工业机器人系统参数查询操作步骤一

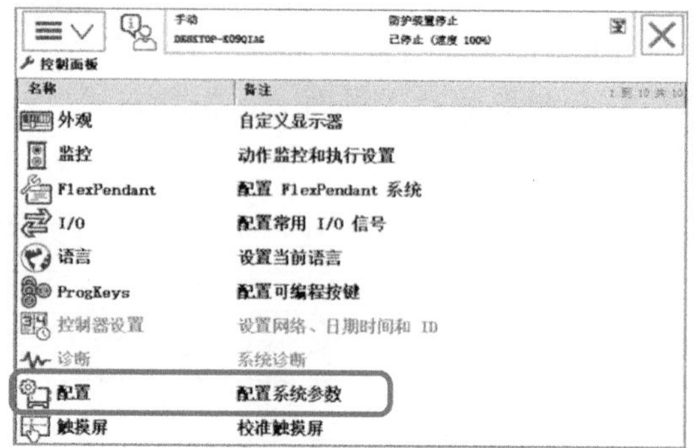

图 1-127　工业机器人系统参数查询操作步骤二

第三步：单击“主题”菜单，将显示出机器人系统数据的五大主题，如图 1-128 所示。

第四步：单击“主题”菜单中的任一主题，将显示出该主题下的数据列表，图 1-129 所示的是人机交互主题下的参数列表。同样，也可通过此方法查看其他四个主题的参数。

图 1-128　工业机器人系统参数查询操作步骤三

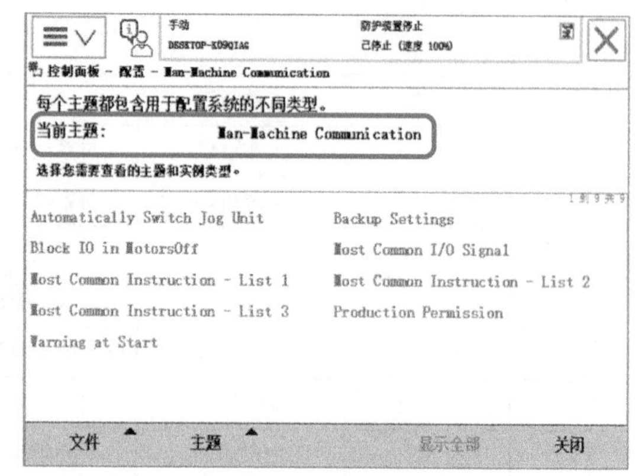

图 1-129　工业机器人系统参数查询操作步骤四

2. 机器人系统参数的添加

机器人系统参数的管理主要包括对系统参数的编辑、添加、保存和加载等内容。下面以 I/O System 主题中的 Signal 参数为例说明对其系统参数进行添加的操作过程。

第一步：打开 I/O 系统主题下的“Signal”类型，如图 1-130 所示。

第二步：单击“添加”按钮，出现添加界面，如图 1-131 所示。

第三步：单击“Name”对新建参数命名，如图 1-132、图 1-133 所示。

第四步：利用“Type of Signal”下拉列表对新建参数设置类型值，如图 1-134 所示。

第五步：用类似的方法对新建参数进行相关值的设置，如图 1-135 所示。

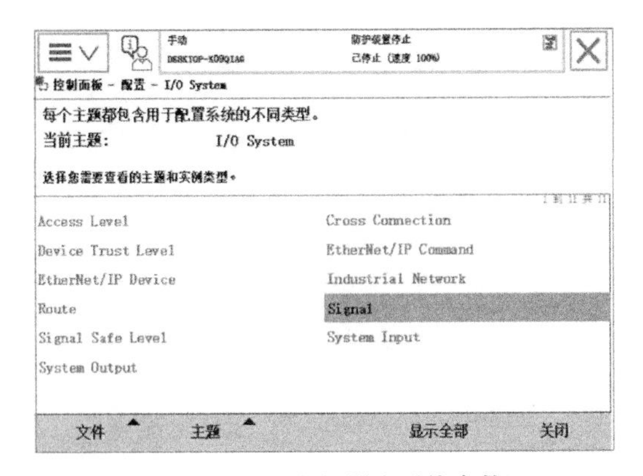

图 1-130　工业机器人系统参数添加操作步骤一

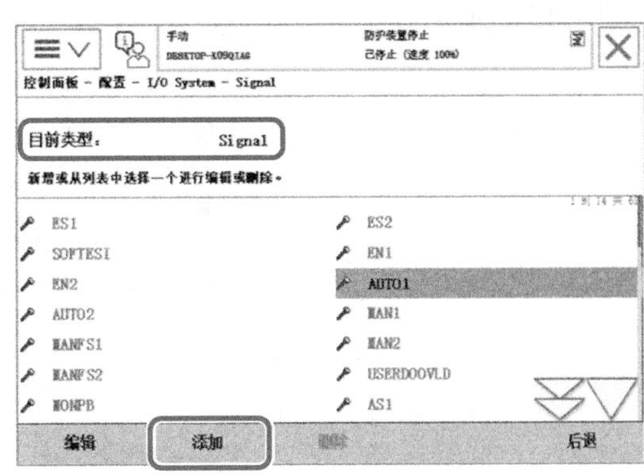

图 1-131　工业机器人系统参数添加操作步骤二

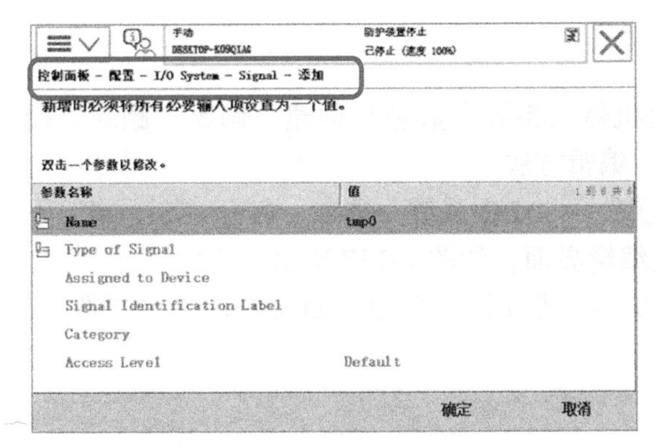

图 1-132　工业机器人系统参数添加操作步骤三

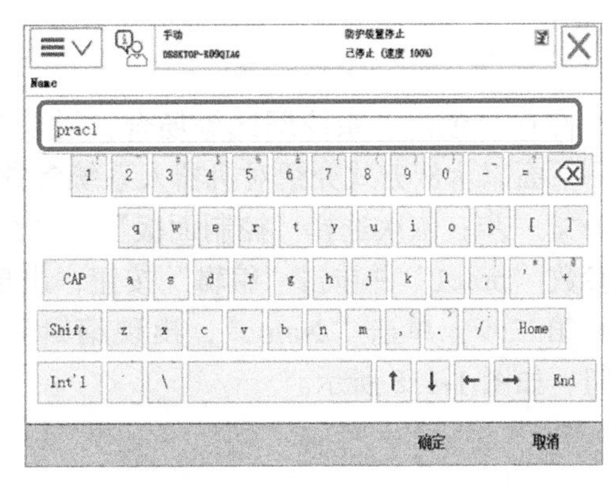

图 1-133　工业机器人系统参数添加操作步骤三——命名

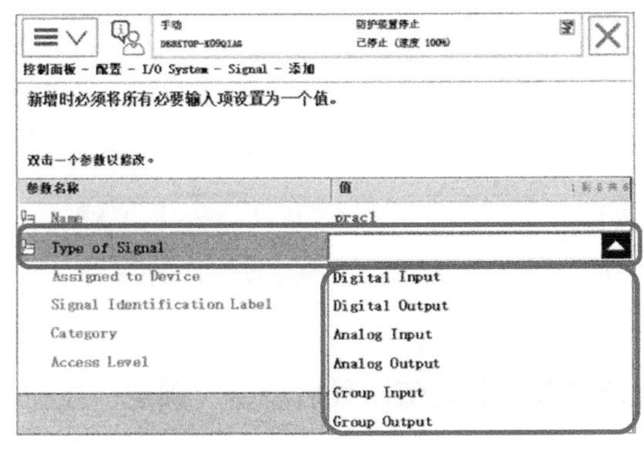

图 1-134　工业机器人系统参数添加操作步骤四

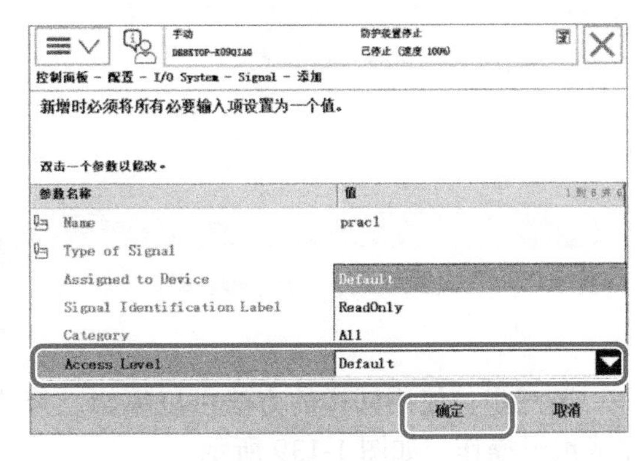

图 1-135　工业机器人系统参数添加操作步骤五

第六步：单击“确定”按钮，按提示单击“是”按钮，控制器重启后，新参数生效，如图 1-136 所示。

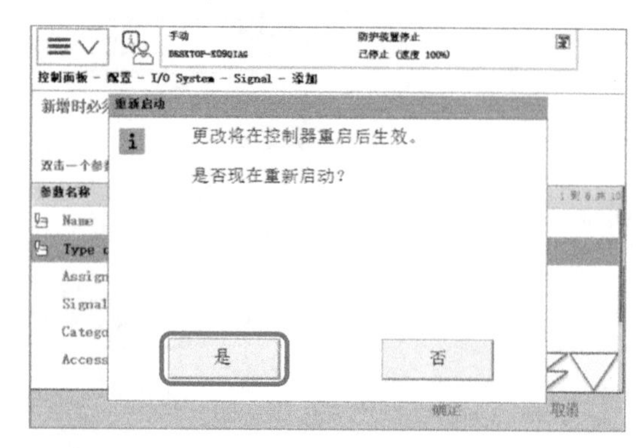

图 1-136　工业机器人系统参数添加操作步骤六

3. 机器人系统参数的编辑

在项目创建、系统调试等场合，需要对机器人系统参数进行创建、修改、删除等操作，下面以示例方式介绍对机器人系统参数的编辑方法。

第一步：依次选择“控制面板”→“配置”→“I/O 系统”选项，打开“Signal”下的参数“prac1”并单击“编辑”按钮，出现编辑界面，如图 1-137 所示。

第二步：单击“Name”，出现编辑界面，将其重新命名为“prac3”，单击“确定”按钮，如图 1-138 所示。

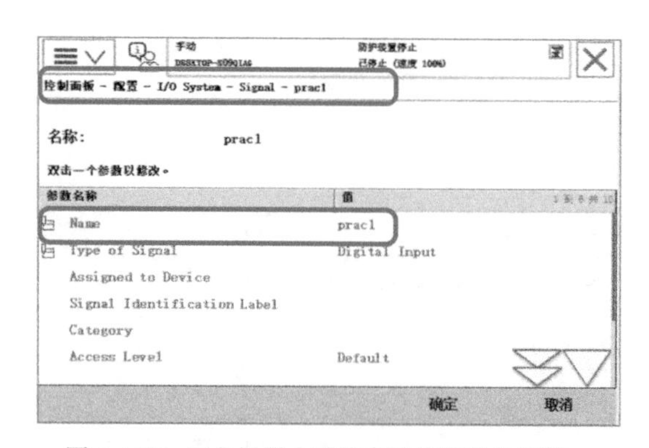

图 1-137　工业机器人系统参数编辑操作步骤一

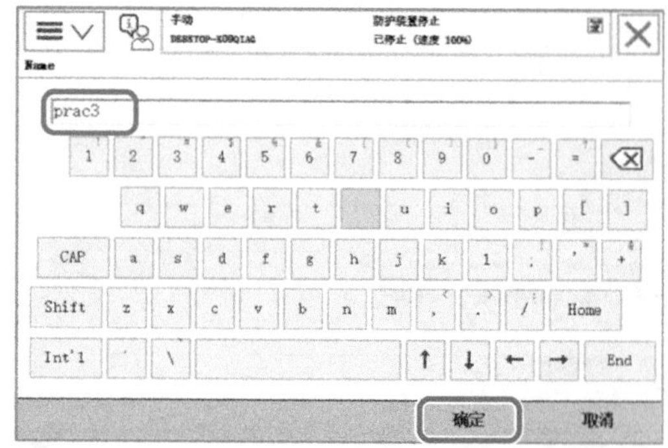

图 1-138　工业机器人系统参数编辑操作步骤二

第三步：使用同样的方法可以编辑、修改该参数的其他值。最后单击“确定”按钮，完成编辑操作，如图 1-139 所示。

第四步：在重启对话框中单击“是”按钮，控制器将重启，修改编辑得以保存生效，如图 1-140 所示。至此，参数编辑操作完成。

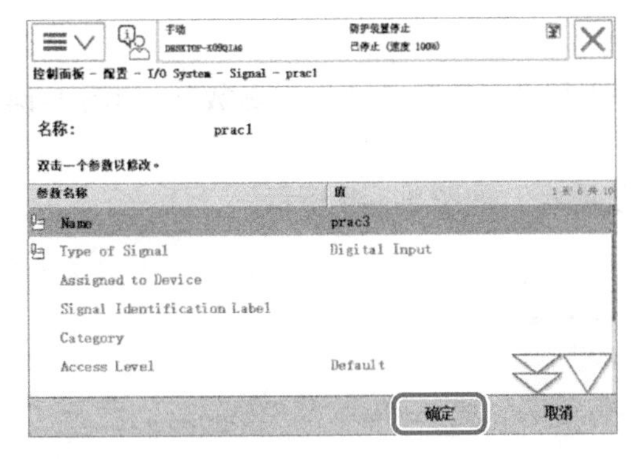

图 1-139　工业机器人系统参数编辑操作步骤三

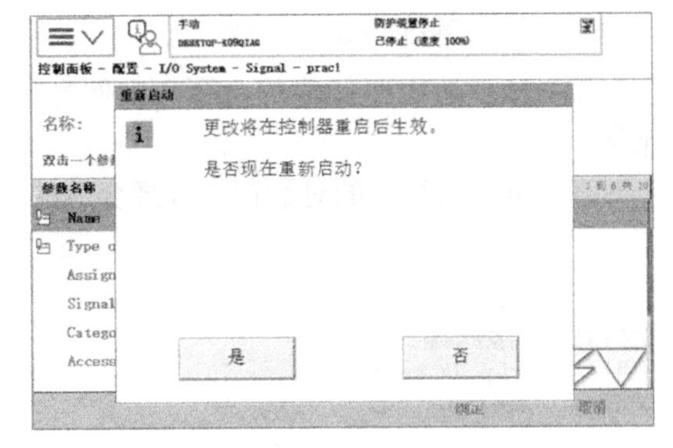

图 1-140　工业机器人系统参数编辑操作步骤四

4. 机器人系统参数的保存

第一步：选中要保存的主题和实例类型，单击“文件”菜单，在其子菜单中选择“‘EIO’另存为”或“全部另存为”，如图 1-141 所示。

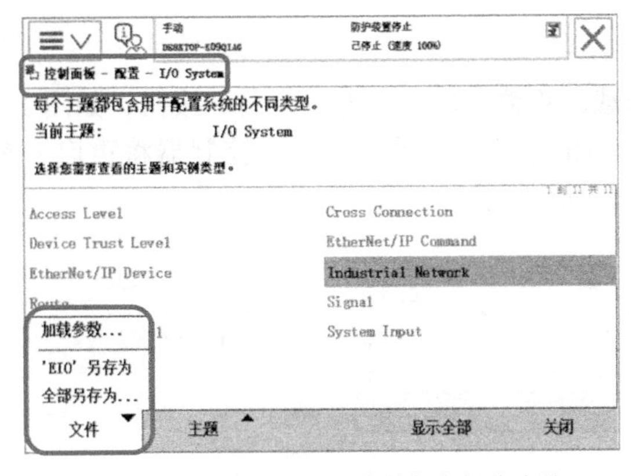

图 1-141　工业机器人系统参数保存操作步骤一

第二步：在保存对话框中可选择或修改存放的路径、命名文件等，完成参数文件的保存，如图 1-142 所示。

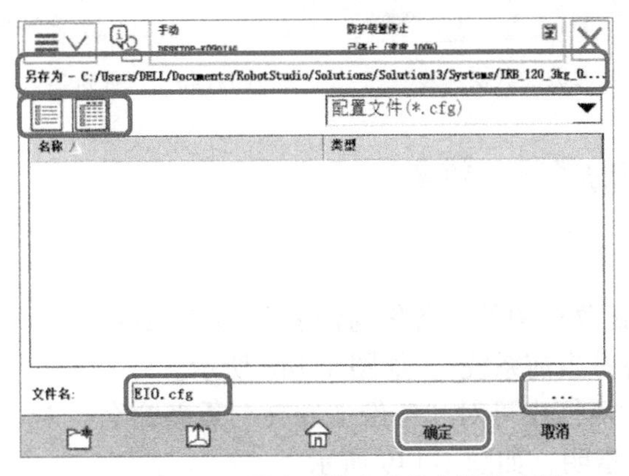

图 1-142　工业机器人系统参数保存操作步骤二

5. 机器人系统参数的加载

第一步：选中要加载的主题和实例类型，单击“文件”→“加载参数”，如图 1-143 所示。

第二步：在弹出的对话框中选择合适的加载模式，如图 1-144 所示。

图 1-143 工业机器人系统参数加载操作步骤一

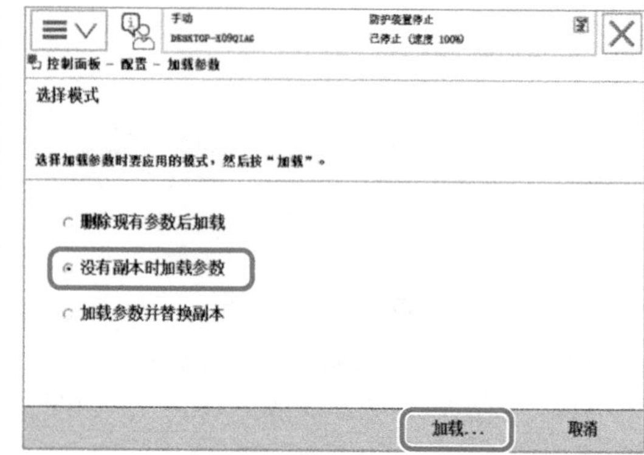

图 1-144 工业机器人系统参数加载操作步骤二

第三步：选择要加载的参数文件，单击“确定”按钮，如图 1-145 所示。

第四步：在重启对话框中单击“是”按钮，控制器将重启，参数加载成功。至此参数加载操作完成，如图 1-146 所示。

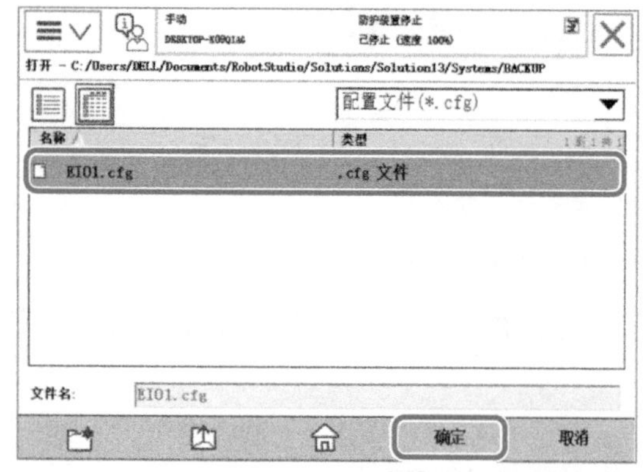

图 1-145 工业机器人系统参数加载操作步骤三

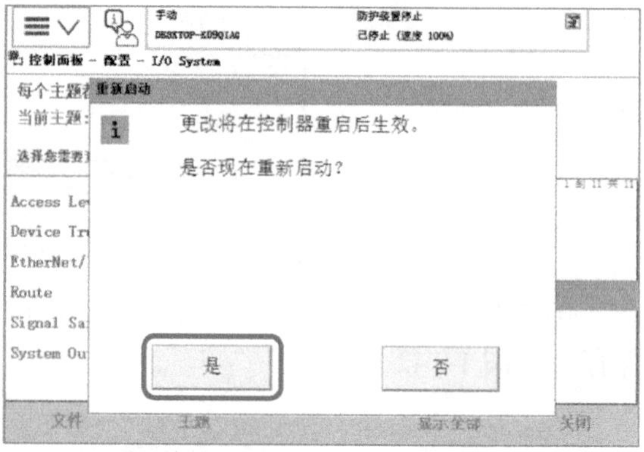

图 1-146 工业机器人系统参数加载操作步骤四

四、机器人系统的备份与恢复

1. 机器人系统的备份

第一步：单击 ABB 菜单中的“备份与恢复”，如图 1-147 所示。

第二步：单击“备份当前系统”，如图 1-148 所示。

第三步：在备份对话框中可对“备份文件夹”重新命名，对“备份路径”进行修改，对备份创建的位置也有指明，如图 1-149 所示。

第四步：单击“备份”按钮，出现备份界面，随后备份成功，如图 1-150 所示。

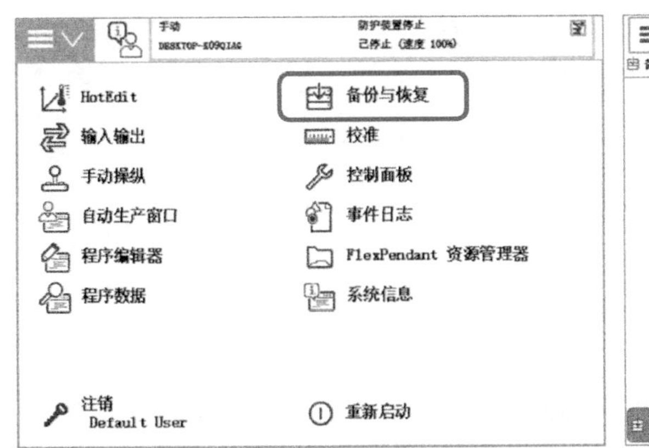

图 1-147　工业机器人系统备份操作步骤一

图 1-148　工业机器人系统备份操作步骤二

图 1-149　工业机器人系统备份操作步骤三

图 1-150　工业机器人系统备份操作步骤四

2. 机器人系统的恢复

第一步：在备份选择界面单击“恢复系统”，如图 1-151 所示。

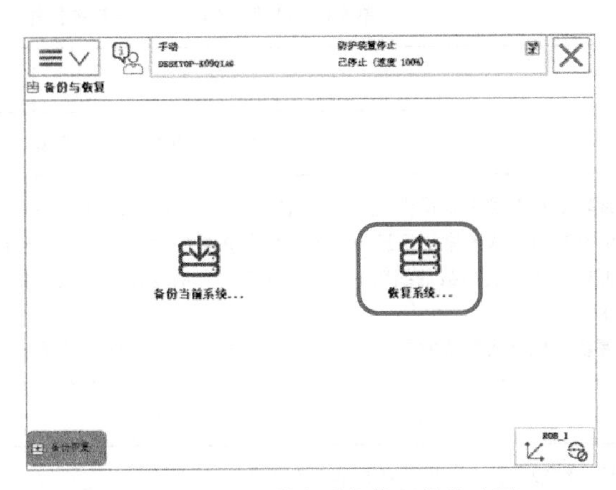

图 1-151　工业机器人系统恢复操作步骤一

第二步：在恢复系统界面单击“恢复”按钮，如图 1-152 所示。

第三步：根据提示按顺序操作，直到系统恢复成功，如图 1-153 所示。

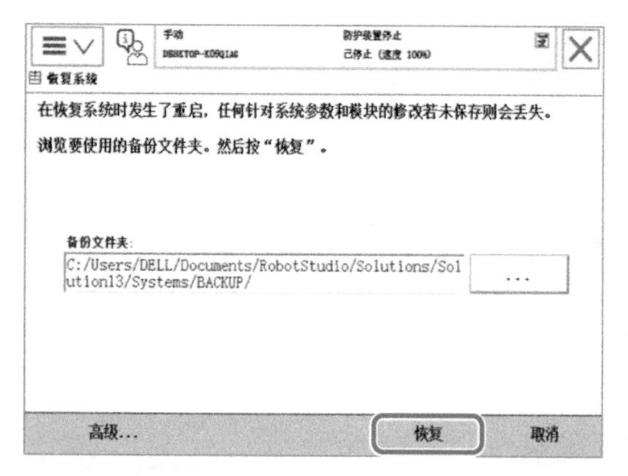

图 1-152　工业机器人系统恢复操作步骤二

图 1-153　工业机器人系统恢复操作步骤三

练一练

1. 在何种情况下需要开展转数计数器更新操作？如何操作转数计数器更新操作？
2. 如何快捷地查看机器人的事件日志？
3. 机器人系统数据有哪五大主题？
4. 操作员可以对机器人系统数据开展哪些管理操作？

任务单（表 1-8）

表 1-8　单元学习任务单

学习领域	工业机器人硬件基础		
学习单元	单元四　工业机器人的其他基本操作		
组　　员		时间	
任　　务	工业机器人转数计数器更新等操作		
任务要求	1. 掌握转数计数器更新操作技能，小组协同完成转数计数器更新操作； 2. 能够查看机器人的常用信息和日志，并将事件日志第 5 条信息记录下来； 3. 掌握机器人系统参数的编辑、添加、保存与加载等操作方法。新建一个数字式输入信号，并命名为 DI8； 4. 掌握备份机器人系统的方法。将机器人系统备份于 D 盘根目录下		
任务实施记录（小组共同策划部分）			
任务调研	1. 确认小组成员分工，明确各自的工作任务； 2. 查阅有关机器人转数计数器更新、机器人系统数据管理、常用信息与事件日志查询、机器人系统备份与恢复相关的资料		
需要资料准备	课件、教材、网上学习平台		

（续）

知识与技能要点	1. 熟悉机器人各轴对齐点的具体位置，掌握转数计数器更新的方法与技能； 2. 能够自主查阅机器人常用信息与事件日志信息； 3. 了解机器人系统数据的管理要点，掌握典型数据的创建与编辑； 4. 了解机器人系统备份与恢复的方法，能够按要求将机器人系统备份到相应的存储位置
小组实施效果记录	整体效果： 满意之处： 待改进之处：
任务实施记录（个人实施过程与效果分析）	
个人任务描述	
个人实施过程与效果分析	
自我评价	满意之处： 待改进之处：

赛一赛

对机器人工作站开展转数计数器更新操作。查看机器人事件日志中的第 5 条信息，并记录在操作单上。新建一个数字式输入信号，并命名为 DI5。将机器人系统备份于 D 盘 FirstGroup 目录下，评分标准见表 1-9。

表 1-9　赛一赛评分标准（满分：20 分）

序号	评分项	权重	评分结果	得分	备注
操作完成情况					
1	完成任务总时间（8min 内完成）	5	是　否		
2	转数计数器更新	3	是　否		
3	正确查询事件日志，并记录	2	是　否		
4	创建数据正确	3	是　否		
5	机器人系统备份成功	2	是　否		
6	机器人系统备份路径正确	2	是　否		

（续）

序号	评分项	权重	评分结果	得分	备注
素养与安全					
7	规范操作机器人，没有发生碰撞等危险操作行为	1	是　否		
8	独立完成所有操作	1	是　否		
9	完成任务后，整理工作现场	1	是　否		
总得分					

单元五　工业机器人的维护与保养

知识与技能

理解工业机器人对应用环境的要求、安全操作、安全设备的使用、维护保养等方面操作规范的具体内容。

过程与方法

1. 掌握工业机器人系统的一般性维护保养技术；
2. 掌握工业机器人电池的更换技巧。

情感与态度

1. 树立规范性操纵工业机器人的意识；
2. 克服畏惧心理，培养遵守专业操作规范的习惯。

一、工业机器人的应用环境要求

工业机器人作为一种高度自动化的设备，对工作环境是有一些特定要求的。符合环境要求是确保机器人工作安全、发挥机器人效能的基本要求。

1. 工业机器人的适用范围

工业机器人可代替人去做一些简单重复、对人体有危害、单调性强的工作，一般可用于以下领域：

1）弧焊、点焊、激光焊接。

2）搬运、装配、清洗。

3）去毛刺、铸造、喷涂、切割等。

各种应用所必备的功能由相应的机器人工具软件来实现。

2. 工业机器人的限制应用范围

目前下列场合不可使用工业机器人：

1）易燃的环境。

2）水中或高温的环境。

3）有爆炸可能的环境。

4）运输人或动物的场所。

5）无线电干扰的环境。

6）攀附。

7）其他与工业机器人的制造商推荐的安装及使用不一致的条件等。

二、工业机器人的基本安全操作规范

机器人使用过程中的安全规范

操作规范是机械设备安全运行的基本要求，只有严格按照相关规范操作，才能保证设备安全与人身安全，因此必须树立正确的设备操作安全观。工业机器人通用的基本安装操作规范有以下几个方面：

1. 需要准备的器件

必须按照系统配置的要求准备以下器件：

1）安全装置。

2）安全门和互锁装置。

3）机器人必须备有与互锁装置相连的接口。

4）机器人应用系统的设计者必须根据各种安全标准来设计系统。

使用前必须确保以上部件的安全性。

2. 相关人员的安全操作权限

现场操作员的安全操作权限如下：

1）打开或关闭控制柜电源。

2）从操作面板启动机器人程序。

编程 / 示教人员的安全操作权限如下：

1）操作机器人。

2）在安全栅栏内进行机器人示教、外围设备的维护等。

设备维护人员的安全操作权限如下：

1）操作机器人。

2）在安全栅栏内进行机器人示教、外围设备的调试等。

注意：

1）操作员不能在安全栅栏内作业。

2）编程人员、示教操作人员及设备维护人员可在安全栅栏内作业。

3）要在安全栅栏内作业的人员，必须接受过规定的关于机器人的专业培训。

3. 相关人员的具体操作权限

相关人员的具体操作权限见表 1-10。

表 1-10　相关人员的具体操作权限

操作内容	操作员	编程 / 示教人员	设备维护人员
打开 / 关闭控制柜电源	★	★	★
选择操作模式		★	★
用示教器选择程序		★	★
用外部设备选择程序		★	★
在操作面板上启动程序	★	★	★
用示教器启动程序		★	★
用操作面板复位报警		★	★
用示教器复位报警		★	★
用示教器设置数据	★	★	★
用示教器示教	★	★	
用操作面板紧急停止		★	★
用示教器紧急停止		★	★
打开安全门紧急停止		★	★
操作面板维护		★	
示教器维护		★	★

4. 安全护具

操作员必须佩戴以下护具：

1）适合于作业内容的工作服。

2）安全帽。

3）安全鞋。

4）与作业内容及环境相关的必备的其他安全装置（如防护眼镜、防毒面具等）。

5. 关于专业培训

凡是从事与机器人相关作业的人员必须进行严格的培训，培训内容不得少于下列内容：

1）安全。

2）点动机器人操作实践。

3）手动操作和视角机器人实践。
4）编程实践。
5）自动运行实践。
6）机器人的构造与功能介绍。
7）坐标系统设置介绍与实践。
8）编程概要和程序实例介绍。
9）自动运行方式介绍。
10）机器人与外围设备的接口介绍。
11）故障发生时的检查事项介绍与实践。
12）定期检查和更换消耗品的介绍。
13）基本操作介绍与实践。
14）报警复位的介绍与实践。
15）备份的介绍与实践。
16）初始化设置的介绍与实践。
17）控制器的介绍与实践。
18）故障检查事项的介绍与实践。
19）根据报警代码发现并修理故障的介绍与实践。
20）零点复位的介绍与实践。
21）装配与拆卸的介绍与实践。

三、工业机器人系统中安全设备的使用规范

为保证操作中人员与设备的安全，在操作现场需要借助一些安全装置，常用安全装置的使用规范如下：

1. 安全栅栏的使用规范

1）必须能抵挡可预见的操作及冲击。
2）不能有尖锐的边缘及凸出物。
3）不能是危险源。
4）在机器人最大移动范围外应留有足够的距离。
5）一定要安全接地。
6）永久固定在一个地方，不易移动。
7）不妨碍查看生产过程。
8）不打开互锁设备就无法进入非安全区域。

2. 安全门与插销的使用规范

1）除非安全门关闭，否则机器人不能自动运行。
2）安全门关闭时不得触发自动运行启动信号。
3）安全门利用安全插销和插槽来实现互锁。
4）安全插销和插槽必须选择合适的物品。

注意：

1）使用“带保护闸的保护装置”时，安全门在危险发生前一直“保持关闭”状态。

2）使用“互锁装置”时安全门要满足：在机器人处于自动运行状态时打开安全门就能发送一个“停止或急停”信号。

3. 其他保护设备的使用规范

1）当可移动物品在操作者可触及的范围内时，不能被启动。

2）如果可动设备启动了，就不能再被人员接触到。

3）保护设备只能通过一些有意操作（如使用专用工具、钥匙等）来调整。

4）保护设备任何部件出问题都会及时阻止启动可动设备或停止可动设备。

4. 进入安全栅栏的步骤

1）停止机器人。

2）将机器人模式开关从 AUTO 旋至示教模式。

3）在控制器上挂上“示教中”警示牌。

4）从插槽中拔出插销，打开安全栅栏门。

5）进入安全栅栏，插上插销。

注意：一般人员不得进入安全栅栏内，必要时只能有一位编程人员 / 维护人员进入安全栅栏内作业。

四、工业机器人系统的维护保养规范

规范地维护保养机器人设备，可提高机器人系统的使用寿命，同时也可以提高工作效率，开展系统维护保养是工程技术人员的重要工作职责之一。

1. 维护保养的原则

1）机器人或机器人系统的维护和维修人员必须接受过必要的培训。

2）要有必要的安全措施保护维护或维修人员。

3）应尽可能在断开机器人和系统电源的状态下进行作业，并根据需要上好锁，以防止他人接通电源。

4）在不得已需要带电作业时，应按下急停按钮后再作业。

5）需更换部件时，务必先阅读机器人维修说明书，并在理解操作步骤的基础上进行作业。

6）进入安全栅栏前，必须确认没有危险才能进入，若在有危险存在的情况下不得不进入安全栅栏，则必须准确把握系统的状态，小心谨慎进入。

2. 程序数据备份要求

1）系统安装 / 升级后，要做一次系统备份。

2）定期做文件备份。

3）任何程序或文件被修改后，都要做好备份。

4）保存备份数据的设备要妥善存放。

3. 进入安全保护区域维护的步骤

1）停止机器人系统。

2）关闭电源，锁住主要的断路器。若必须带电进入保护区域，在进入前必须全面检查机器人系统，确保没有危险存在。

3）进入安全保护区域。

4）维护结束后，应检查安全系统是否有效，若安全系统被维护工作中断了，则将其恢复至初始有效状态。

4. 其他维护工作要点

1）更换部件，务必使用机器人公司指定的部件。若使用非指定部件，可能会导致机器人误动作或损坏，尤其是熔丝必须使用指定型号。

2）拆卸电动机和制动器时，应用专业工具吊装好后再拆除。

3）维修中，迫不得已必须移动机器人时，应注意：务必确保有逃生退路，且应在把握整个系统的操作情况后再进行操作；时刻注意周围是否存在危险，确保可以随时按下急停按钮。

4）维修或维护（如加油）后，必须将安全栅栏内部洒落在地面的油、水、碎片等彻底清理干净。

5）作业过程中，不能攀爬机器人。

6）维修气动系统时，务必释放供应气压，将管内压力降低到 0 后才能开展工作。

7）更换部件时，应注意避免灰尘或尘埃进入机器人内部。

五、工业机器人系统具体设备的维护保养规范

工业机器人系统中的不同设备有不同的维护保养内容。

1. 机器人系统的维护频率

1）一般性维护：1 次 / 天。

2）清洗 / 更换滤布：1 次 /500h。

3）测量系统电池和更换：2 次 /7000h。

4）内部计算机风扇的更换、伺服驱动冷却风扇的更换：1 次 /50000h。

5）检查冷却器：1 次 / 月。

2. 检查控制器的散热情况

确保以下影响散热的因素不会出现：

1）控制器外面覆盖了塑料或其他材料。

2）控制器后面和侧面没有留出足够的间隔（>120mm）。

3）控制器的位置靠近热源。

4）控制器过于脏污。

5）风扇进口或出口堵塞。

6）控制器顶部放有杂物。
7）一台或多台冷却风扇不工作。
8）空气滤布过于脏污。

注意： 不执行作业时，控制器内前门必须保持关闭。

3. 控制器的内部清洁

1）应根据环境条件每隔适当时间清洁一次控制器内部，如每年一次。

2）须特别注意冷却风扇和进风口 / 出风口清洁。清洁时使用除尘刷，并用吸尘器吸去刷下的灰尘。注意不要用吸尘器直接清洁各部件，否则会引起静电，进而导致部件损坏。

注意： 清洁控制器内部时，一定要先切断电源。

4. 示教器的清洁

1）应从实际需要出发以适当的频度清洁示教器。
2）尽管面板漆膜能耐受大部分溶剂的腐蚀，但仍应避免接触丙酮等强溶剂。
3）若有条件，示教器在不使用时，可将其拆下并放置在干净的场所。

5. 清洗 / 更换滤布

驱动系统冷却单元的滤布要定期清洗 / 更换。其中更换滤布的操作方法如下：
1）在控制器背面找到滤布位置。
2）提起并去除滤布架。
3）取下滤布架上的旧滤布。
4）将新滤布插入滤布架。
5）将装有新滤布的滤布架插入就位。

注意： 清洗滤布时，应在加有清洁剂的温水中清洗滤布 3 ～ 4 次，不得拧干滤布，可放置在平坦表面晾干。

6. 更换电池

1）测量系统电池为一次性电池（非充电电池）。

2）电池需要更换时，消息日志会出现一条信息。通常该信息出现后电池电量还可维持约 1800h（建议在上述信息出现时更换电池）。

3）电池仅在控制柜“断电”的情况下工作。电池的使用寿命约 7000h。

7. 冷却器的检查

1）冷却器采用免维护密闭系统设计，需按要求定期检查和清洁外部空气回路的各个部件。

2）环境温差较大时，需定期检查排水口是否正常排水。

六、工业机器人系统的一般性维护内容

1. 定期检查项目

1）检查是否漏油，如发现严重漏油，应向维修人员求助。

2）检查齿轮游隙是否过大，如发现游隙过大，应向维修人员求助。

3）检查控制柜、吹扫单元、工艺柜和机械手间的电缆是否受损。

2. 清洗机械手

1）应定期清洗机械手底座和手臂。

2）使用溶剂时需谨慎操作。

3）应避免使用丙酮等强溶剂。

4）可使用高压清洗设备，但应避免直接向机械手喷射清洗剂。

5）如果机械手有油脂膜等保护层，应按要求将其去除（应避免使用塑料保护）。

6）为防止产生静电，必须使用浸湿或潮湿的抹布擦拭非导电表面，如喷涂设备、软管等，勿使用干布。

3. 清洗中空手腕

1）如有必要，中空手腕视为需要经常清洗部件，以避免灰尘和颗粒物堆积。

2）用不起毛的布料进行清洁。

3）手腕清洗后，可在手腕表面添加少量凡士林或类似物质，这样以后清洗时将更加方便。

4. 检查基础固定螺钉

1）将机械手固定于基础上的坚固螺钉和固定夹必须保持清洁，不可接触水、酸、碱溶液等腐蚀性液体，这样可避免紧固件被腐蚀。

2）如果镀锌层或涂料等防腐蚀保护层受损，需清洁相关零件并涂以防腐蚀涂料。

练一练

1. 下列说法错误的是（　　）。

A. 清洁前先关闭电源，确认所有模块功能完好后才能通电

B. 检查所有接头处，查看密封是否完好，防止灰尘和污垢进入控制器

C. 清洁前拆除任何安装在控制器上的保护罩

D. 维护时间间隔和机器人所处的工作环境相关，可根据实际情况缩短或延长时间间隔

2. 下列有关工业机器人本体内加油的注意事项，说法错误的是（　　）。

A. 加油孔和出油孔不能混淆

B. 油品要分清楚，千万不能加错油

C. 加油后运转半小时，使其充分润滑后再密封

D. 加油后不需要其充分润滑后就密封

3. 简述更换电池的方法步骤。

任务单（表 1-11）

表 1-11　单元学习任务单

<table>
<tr><td>学习领域</td><td colspan="3">工业机器人硬件基础</td></tr>
<tr><td>学习单元</td><td colspan="3">单元五　工业机器人的维护与保养</td></tr>
<tr><td>组　员</td><td></td><td>时间</td><td></td></tr>
<tr><td>任　务</td><td colspan="3">工业机器人的维护与保养</td></tr>
<tr><td>任务要求</td><td colspan="3">1. 认知工业机器人的应用环境要求，了解哪些场合可以应用工业机器人，哪些场合要限制使用；
2. 掌握工业机器人的基本安全操作规范。重点是现场操作员、编程人员、设备维护人员这三类人员的操作权限；
3. 掌握工业机器人安全设备的使用规范；
4. 掌握工业机器人的维护保养规范，特别是一些具体设备的维护保养技术；
5. 掌握机器人系统重点设备的维护保养规范；
6. 掌握机器人系统一般性维护保养内容</td></tr>
<tr><td colspan="4">任务实施记录（小组共同策划部分）</td></tr>
<tr><td>任务调研</td><td colspan="3">1. 确认小组成员分工，明确各自的工作任务；
2. 查阅有关机器人系统维护保养手册。查询工业机器人系统典型维护案例，分析并总结维护保养要点</td></tr>
<tr><td>需要资料准备</td><td colspan="3">课件、教材、网上学习平台</td></tr>
<tr><td>知识与技能要点</td><td colspan="3">1. 掌握工业机器人系统维护与保养规范的要点；
2. 掌握典型维护与保养的技能，如一般性维护、电池更换等；
3. 重点掌握安全操作规范的内容与安全设备的使用</td></tr>
<tr><td>小组实施
效果记录</td><td colspan="3">整体效果：

满意之处：

待改进之处：</td></tr>
<tr><td colspan="4">任务实施记录（个人实施过程与效果分析）</td></tr>
<tr><td>个人任务
描述</td><td colspan="3"></td></tr>
<tr><td>个人实施
过程与效果
分析</td><td colspan="3"></td></tr>
<tr><td>自我评价</td><td colspan="3">满意之处：

待改进之处：</td></tr>
</table>

赛一赛

以小组或个人为单位，开展以下理论与实操竞赛。

理论竞赛题：

1. 列举工业机器人限制使用的范围与场合（列出三项及以上即可）。
2. 简述现场操作员的安全操作权限。
3. 设备维护人员有哪些安全操作权限？
4. 操作员要佩戴哪些安全护具？
5. 判断对错：系统调试中，应在控制器上悬挂“调试中”警示牌。
6. 判断对错：安全门的互锁是指门打开，机器人不能启动，门关闭，机器人就可以示教操作，其实现的关键部位在门的插销与插槽上。
7. 判断对错：一般性维护应每周开展一次。

实操竞赛题：

更换指定轴的电池（5min 以内完成），评分标准见表 1-12。

注意：为保证系统的安全，可将电池还原操作，作为下一组的考核内容。

表 1-12　赛一赛评分标准（满分：20 分）

序号	评分项	权重	评分结果	得分	备注
理论部分完成情况					
1	第 1 题完成情况	2	是　否		
2	第 2 题完成情况	2	是　否		
3	第 3 题完成情况	2	是　否		
4	第 4 题完成情况	2	是　否		
5	第 5 题完成情况	1	是　否		
6	第 6 题完成情况	1	是　否		
7	第 7 题完成情况	1	是　否		
操作部分完成情况					
8	完成指定轴电池的更换操作	5	是　否		
素养与安全					
9	独立完成所有试题与操作	2	是　否		
10	工作规范，满足 7S 工作要求	2	是　否		
总得分					

模块二

工业机器人软件基础

单元一　RobotStudio 软件基础

知识与技能

1. 了解 RobotStudio、RobotWare、Rapid 等软件的基础性知识；
2. 能自觉记录、记忆常见的英文提示文，理解相关提示文的含义。

过程与方法

1. 正确获取、下载、解压、安装工业机器人软件；
2. 掌握工业机器人工程环境的设置方法与内容；
3. 初步掌握仿真环境下工业机器人的操作技能。

情感与态度

1. 树立尊重知识产权意识，从正规渠道获取正版软件；
2. 自觉培养技术素养，有意识地学习相关专业英语，掌握查阅检索技术类手册的方法。

一、RobotStudio 软件的安装

工业机器人系统由硬件系统与软件系统两大部分组成，其软件系统又以 RobotStudio 和 RobotWare 两大核心软件为主。

1. RobotStudio 简介

ABB RobotStudio 是由 ABB 公司开发的一款计算机仿真软件，是为帮助用户提高生

产率、降低购买与实施机器人解决方案的总成本而开发的一个适用于机器人寿命周期各个阶段的软件产品族。

主要功能之一：实现规划与定义。RobotStudio 可在实际构建机器人系统之前先进行设计和试运行；还可以利用该软件确认机器人是否能到达所有编程位置，并计算解决方案的工作周期。

机器人在线编程概述

主要功能之二：在线编程与离线仿真。在设计阶段，RobotStudio 中的 ProgramMaker 可以帮助用户在 PC 上创建、编辑和修改机器人程序及各种数据文件。ScreenMaker 还能帮助客户定制生产用的 ABB 示教悬臂程序画面等。

2. RobotWare 与 Rapid 简介

工业机器人的编程方式

一般在提到 RobotStudio 的同时也会提到 RobotWare，RobotWare 是工业机器人系统的软件。在构建工业机器人系统时，就必须拥有与工业机器人型号相对应的 RobotWare。在生成虚拟机器人系统的时候也可以自己选择不同版本的 RobotWare。

Rapid：ABB 机器人编程使用的官方语言，目前来看也是唯一的语言。不同版本的 Rapid 会有新的指令加入，可向下兼容，一般只会增加新的指令，很少减少指令。

如果计算机中安装了不同的 RobotWare 版本，RobotStudio 一般能够自动识别。

3. 如何获取正版软件及其安装

获得 RobotStudio 软件的网址是：www.RobotStudio.com。

RobotStudio 软件的安装步骤如下：

第一步：下载 RobotStudio 并进行解压后，在解压的文件夹中双击“setup.exe”文件，如图 2-1 所示。

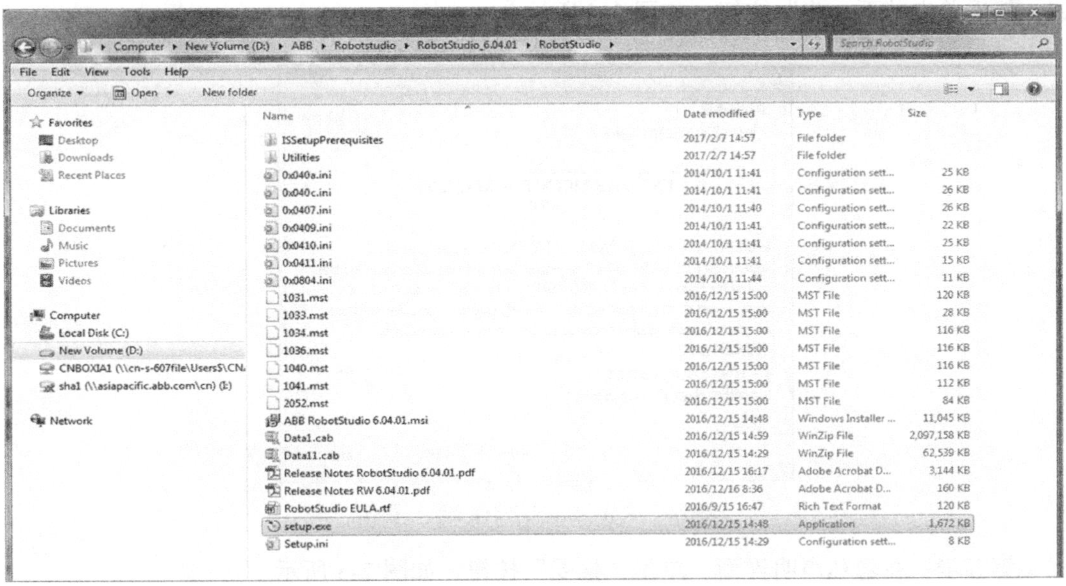

图 2-1　RobotStudio 软件安装步骤一

第二步：在安装语言选择界面，选择“中文（简体）”，然后单击“确定”按钮，如图 2-2 所示。

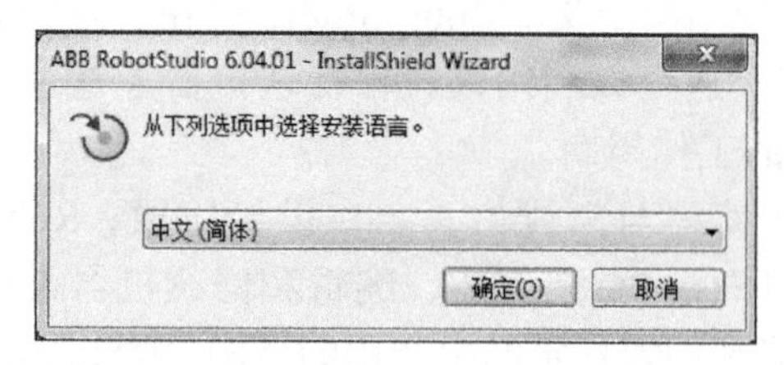

图 2-2　RobotStudio 软件安装步骤二

第三步：在欢迎界面单击“下一步”按钮，如图 2-3 所示。

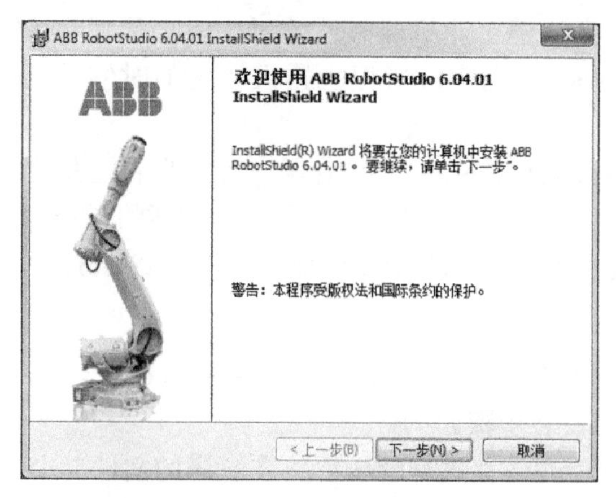

图 2-3　RobotStudio 软件安装步骤三

第四步：在最终用户许可界面，选中“我接受该许可证协议中的条款（A)”单选按钮，然后单击“下一步”按钮，如图 2-4 所示。

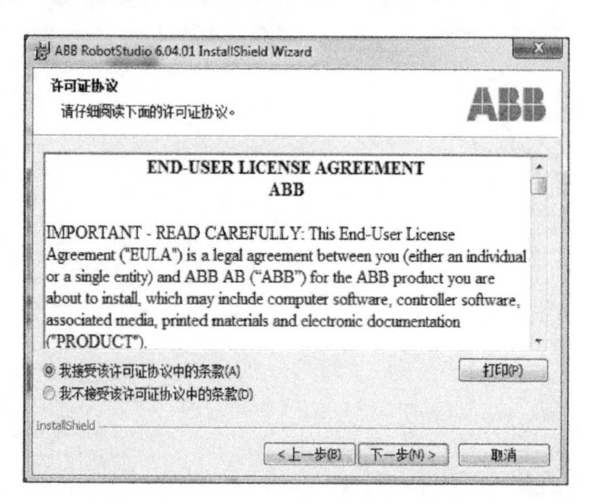

图 2-4　RobotStudio 软件安装步骤四

第五步：在隐私声明界面，单击“接受”按钮，如图 2-5 所示。

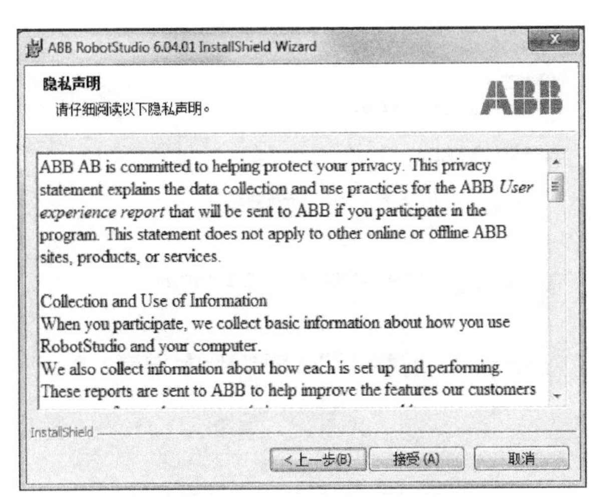

图 2-5　RobotStudio 软件安装步骤五

第六步：在安装路径界面，若没有特殊要求，不改变安装文件存储目录，就单击“下一步”按钮，如图 2-6 所示。

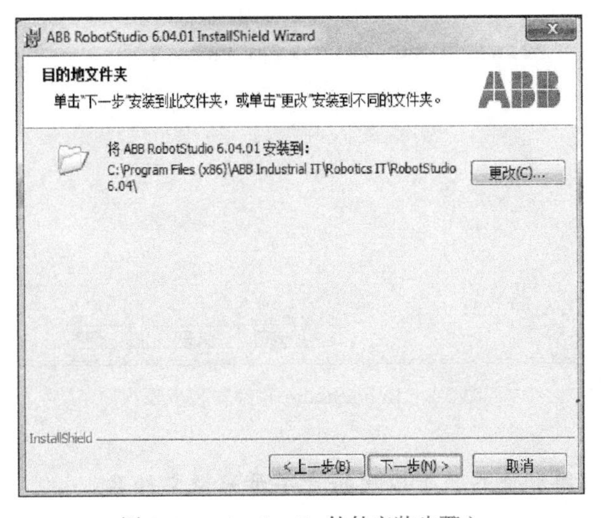

图 2-6　RobotStudio 软件安装步骤六

注意：一般地，建议不要去变更安装路径中默认的目的地文件夹。如果一定要变更的话，文件路径中不要出现中文字符。

第七步：在安装类型选择界面，按需要选择安装类型，单击“下一步”按钮，如图 2-7 所示。

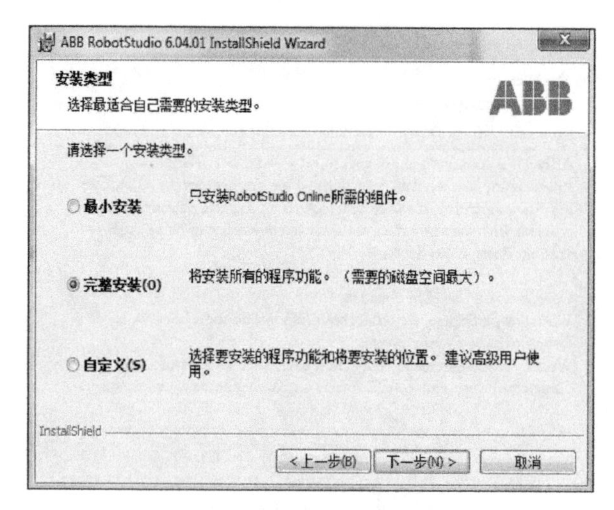

图 2-7　RobotStudio 软件安装步骤七

第八步：单击“安装”按钮，程序将自动安装完成，如图 2-8 所示。

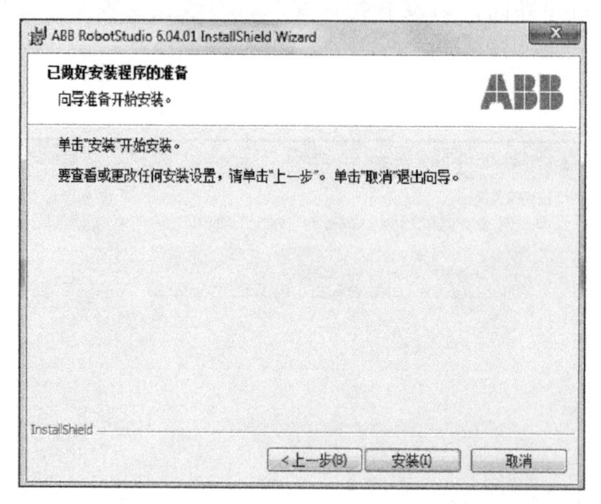

图 2-8　RobotStudio 软件安装步骤八

注意：为方便理解和使用，可以用拼音字母来做文件名。

二、构建基本的工业机器人虚拟工作站

新建工作站有两种情况：一种是纯粹新建，需要选择机器人型号与相应的软件环境配置；另一种是在已有系统中创建新系统，可以直接复制已有系统的参数，这在多次练习及项目开发中非常有用，可以提高系统创建效率。下面介绍创建一个全新工作站的方法与步骤。

双击桌面上的 Robot Studio 图标，出现新建工作站界面。

第一步：依次单击“文件”→“新建”→“空工作站”→“创建”，创建一个全新的工作站，如图 2-9 所示。

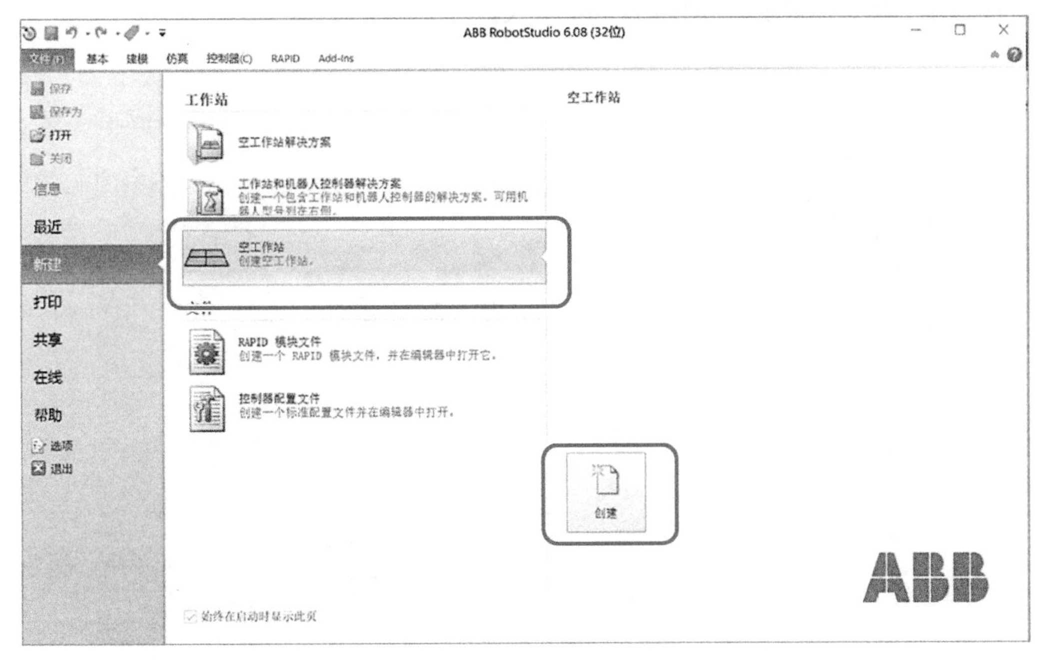

图 2-9　虚拟工作站创建步骤一

第二步：出现一个新工作站的界面，如图 2-10 所示。这个工作站是空白的，还需要加入机器人系统其他的内容。

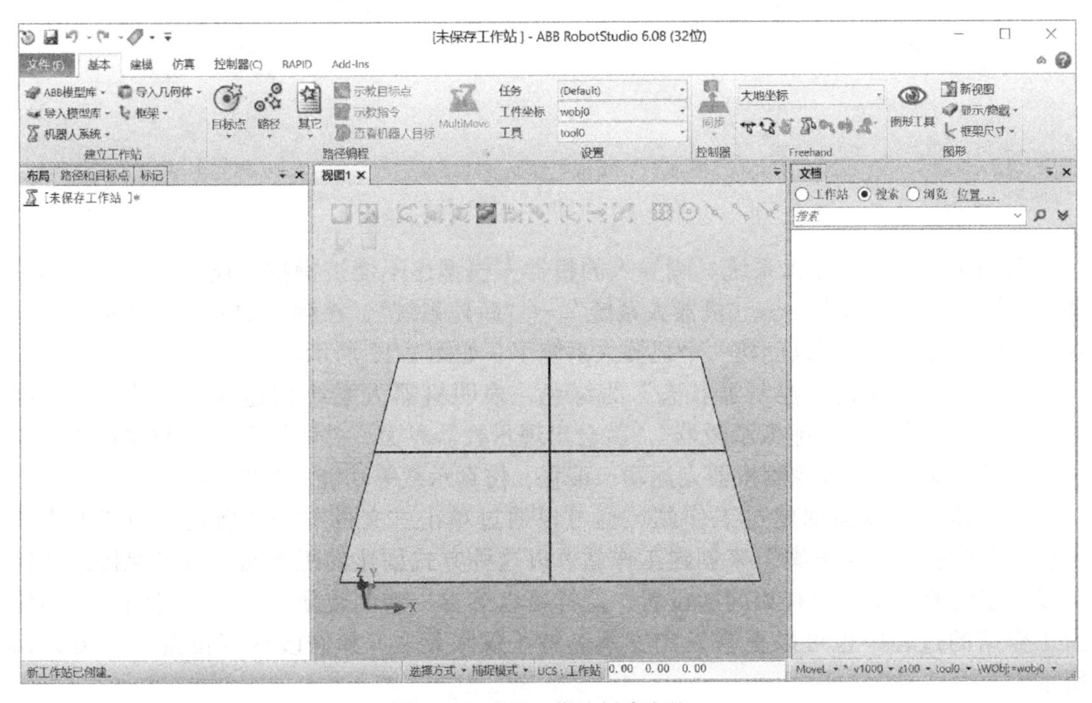

图 2-10　虚拟工作站创建步骤二

第三步：导入机器人模型。单击“基本”→“ABB 模型库”，会出现 ABB 工业机器人所有型号的机器人图标，选择所需要的机器人型号，即可加入一个机器人模型，如图 2-11 所示，如选择常用的 IRB 120 型机器人。

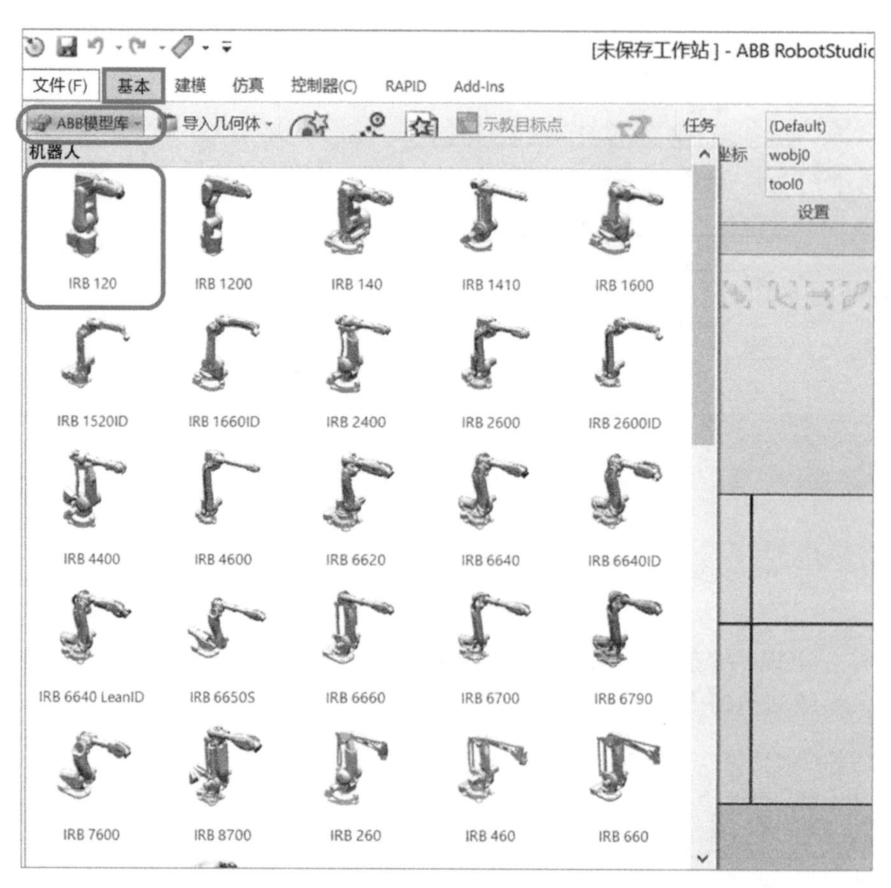

图 2-11　虚拟工作站创建步骤三

第四步：添加机器人系统。刚导入的机器人模型还不能被操控，还需要给它添加机器人系统。单击“基本”→“机器人系统”→“新建系统”，在弹出的确认对话框中，单击“确认”按钮，就可以创建一个机器人系统了，如图 2-12 所示。

此时，右下角的“控制器状态”为绿色，表明机器人系统创建成功。单击“控制器”→“示教器”→“虚拟示教器”，就会出现示教器界面，并可以开展示教器设置，通过示教器可以虚拟实现控制机器人运动、编程、仿真示教等功能，如图 2-13 所示。

第五步：若以前创建过工作站，也可以通过单击“文件”→“新建”→“工作站和机器人控制器解决方案”来创建工作站。以这种方式创建的工作站，可以保持或选择与以前创建的工作站拥有相同的设置，这样可以节省一些创建新工作站的时间。在创建新工作站的过程中也可以重新设定方案名称（仅限英文）和修改保存位置，如图 2-14 所示。

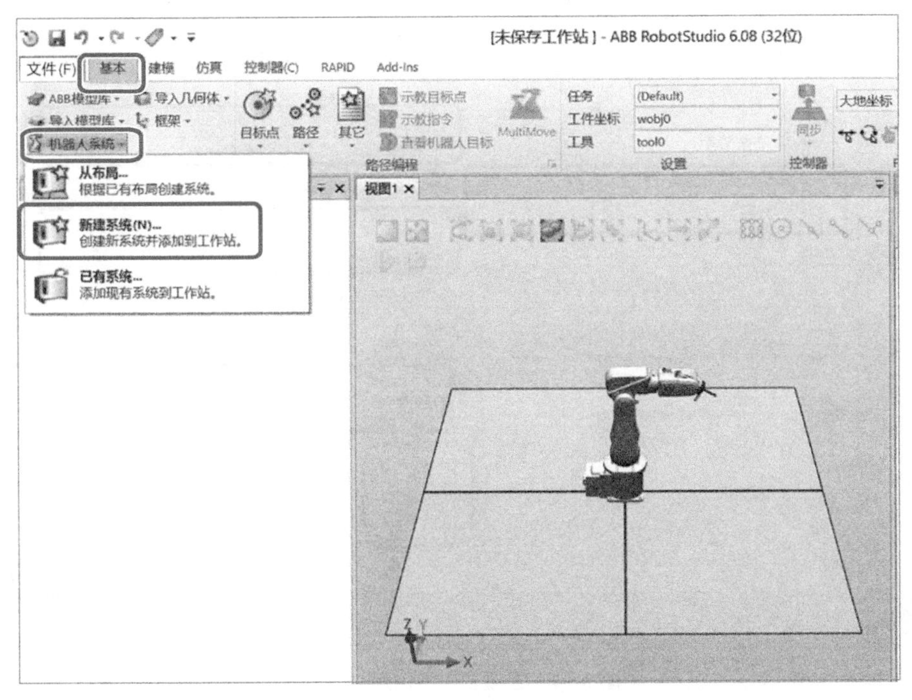

图 2-12　虚拟工作站创建步骤四（1）

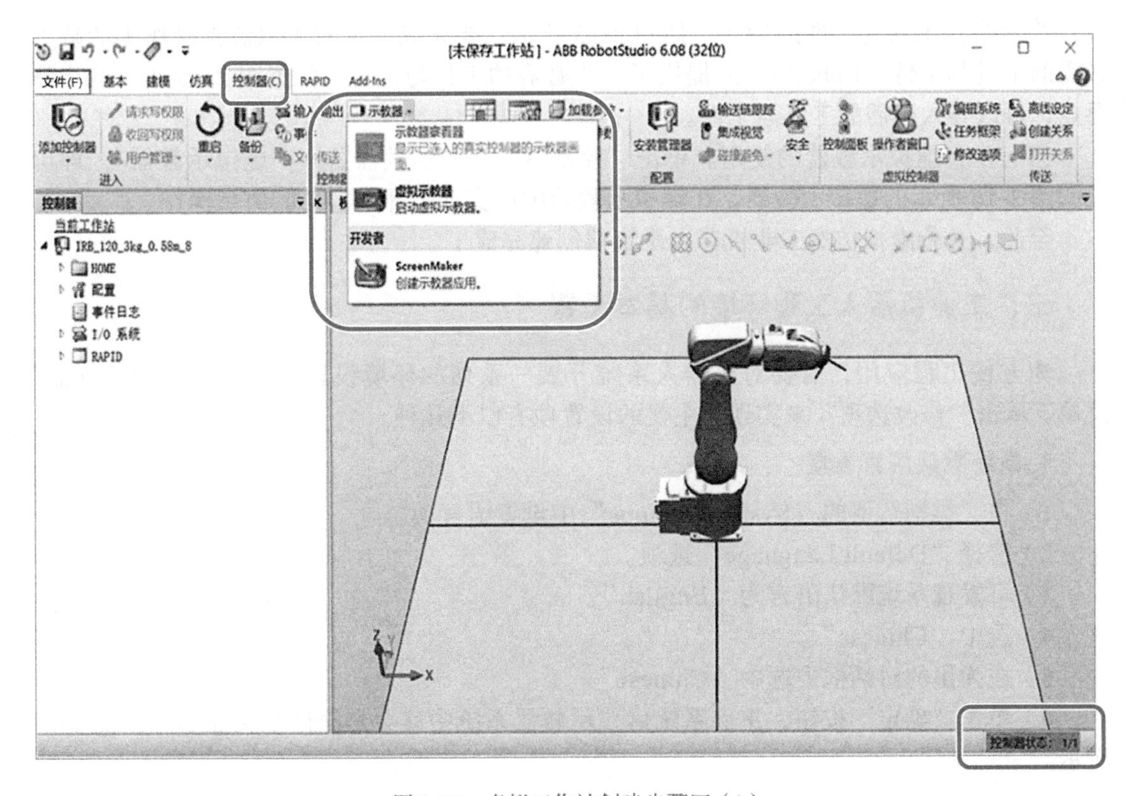

图 2-13　虚拟工作站创建步骤四（2）

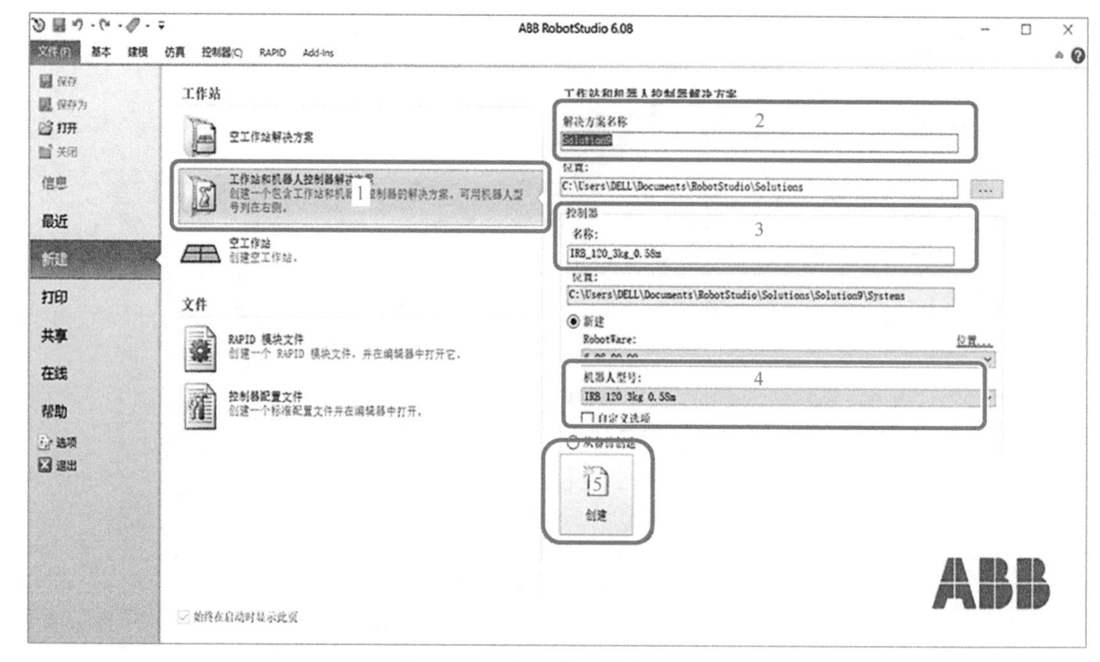

图 2-14　虚拟工作站创建步骤五

第六步：工具与工件的导入，如图 2-15 所示。要完成一定的虚拟仿真操作不能缺少必需的工具与工件，RobotStudio 提供了一些必需的工具与工件。依据图 2-15 所示的步骤要点，可以导入所需的工具与工件。

第七步：虚拟示教器的使用。单击“控制器”→“示教器”→“虚拟示教器”，即出现如图 2-16 所示的虚拟示教器，在虚拟示教器中可实现全部基本功能仿真操作。

至此，一个虚拟仿真工业机器人系统就创建完成了。

三、工业机器人工程环境的基本设置

为方便工程应用，需要对机器人系统开展一系列的环境设置，可通过在“控制器”菜单下单击“修改选项”来实现。主要的设置项有以下几种。

1. 系统默认语言设置

1）在“类别”下的“System Options”中设置语言项。

2）选择“Default Language”选项。

3）可发现系统默认语言为“English”。

4）选中“Chinese”。

5）在弹出的对话框中选中“Chinese”。

6）单击“确定”按钮，重启系统后，示教器系统中就会是简体中文显示，如图 2-17 所示。

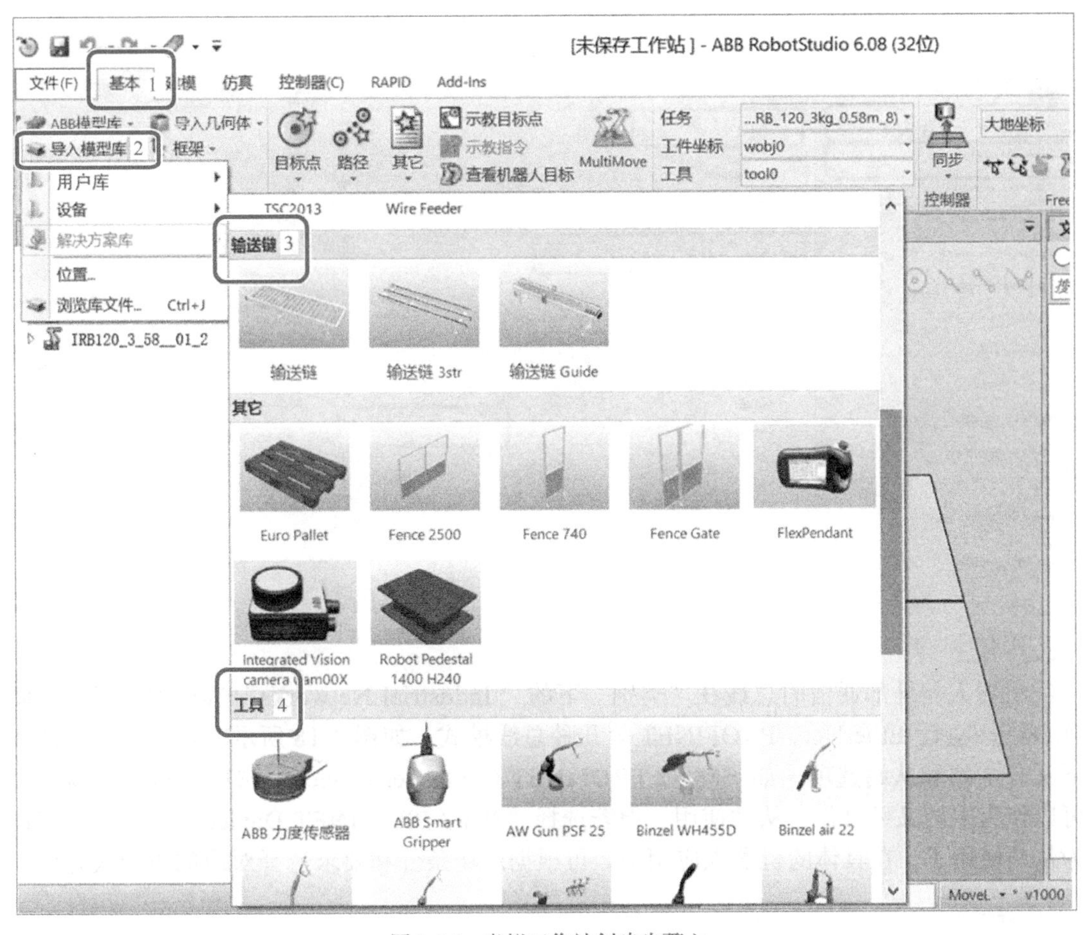

图 2-15　虚拟工作站创建步骤六

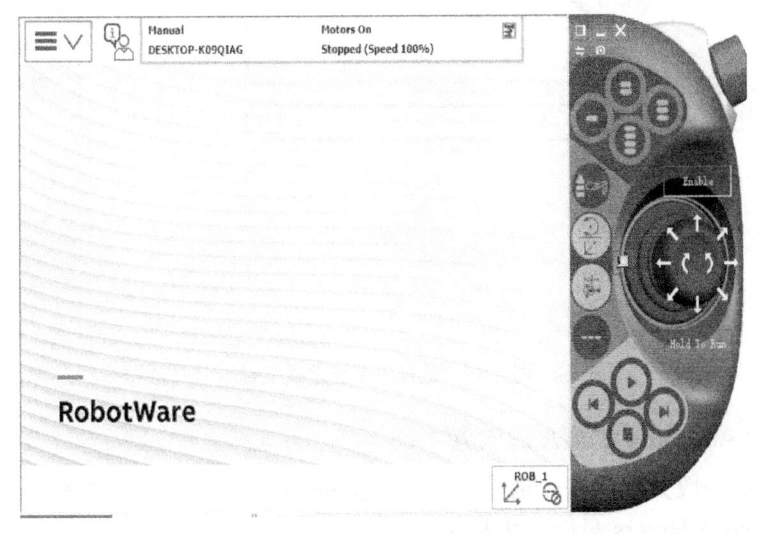

图 2-16　虚拟工作站创建步骤七

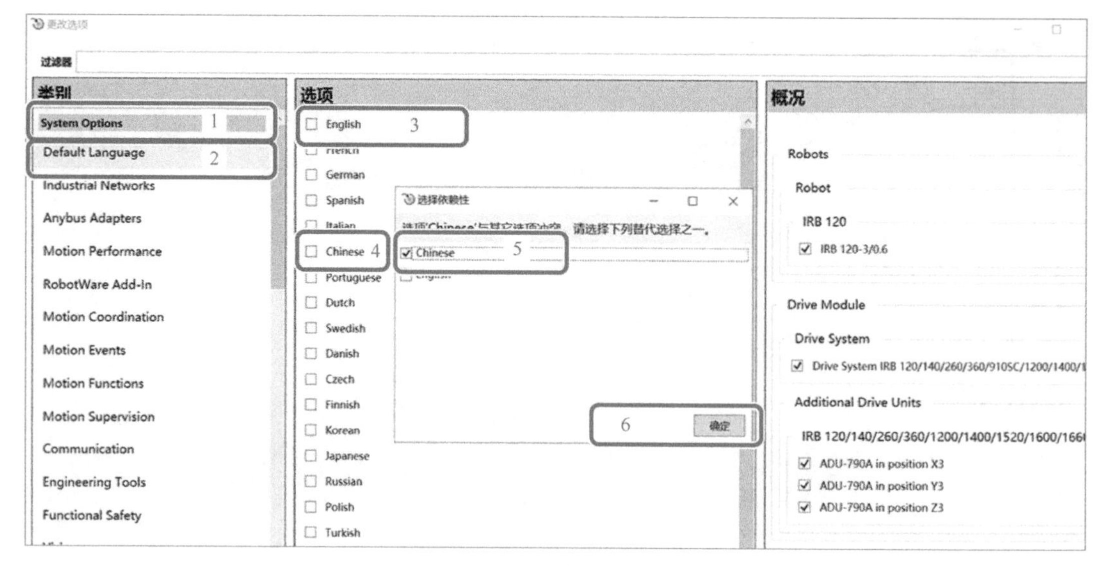

图 2-17　系统默认语言设置

2. Industrial Networks 机器人总线设置

机器人与外部通信的总线在“类别”下的“ Industrial Networks”选项中设置，主要有 DeviceNet、EtherNet、PROFINET 等几种总线模式，如图 2-18 所示。每一种总线模式下又分主站和从站选项，如“888-2 PROFINET Controller/Device”选项表示本机器人既可以作为主站又可以作为从站使用，但若选择“888-3 PROFINET Device”选项就只能作为从站使用了。在具体的机器人应用中，可根据现场条件和要求选择对应的机器人总线。

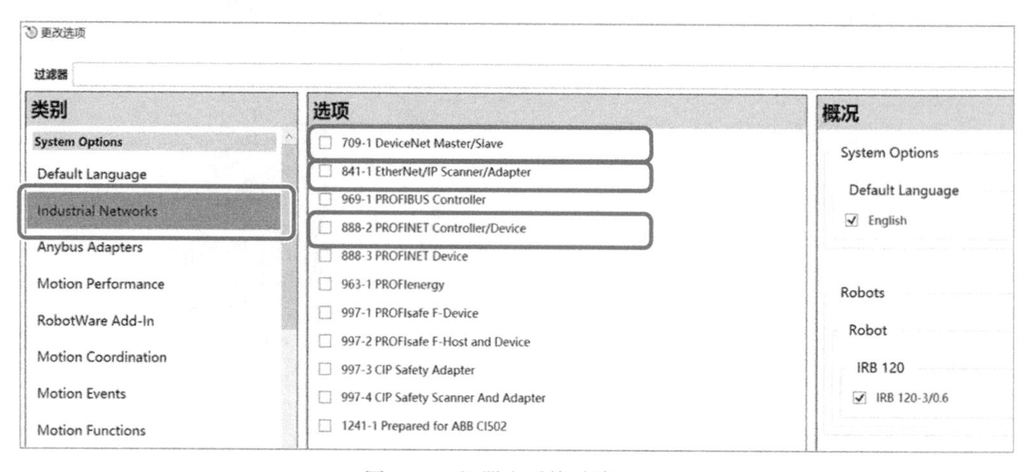

图 2-18　机器人系统总线设置

3. Anybus Adapters 扩展总线设置

机器人系统一般只默认一个通信总线，即只提供一个 IP 地址，如图 2-19 所示。需要注意的是 Anybus Adapters 只能作为从站。

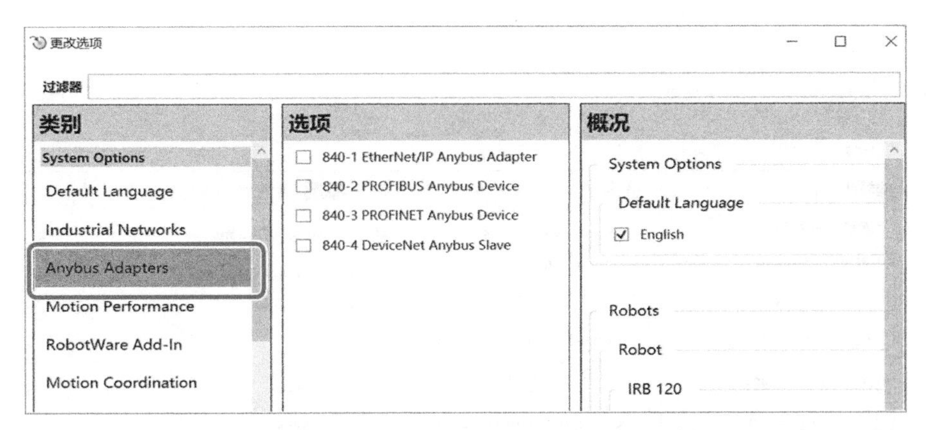

图 2-19　机器人系统扩展总线设置

4. Motion Performance 运动表现设置

该选项是针对一些局部运动表现控制而设置的，如要求机器人在一个极小的范围内运动，又要保持一定的精度要求，就可以选择其中的“687-1 Advanced Robot Motion”选项，从而通过两轴的运动控制代替六轴运动控制，以保证运动精度，如图 2-20 所示。

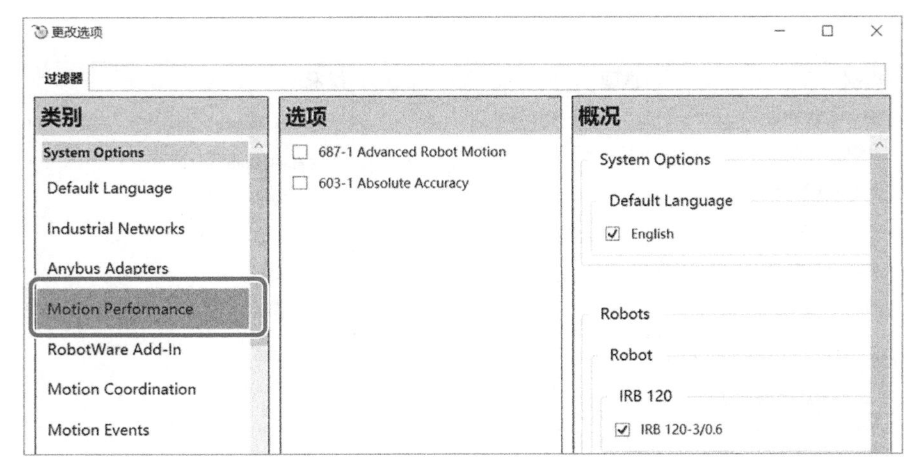

图 2-20　机器人系统运动表现设置

5. Motion Coordination 机器人协同设置

这是关于两台机器人协同工作的选项，如图 2-21 所示。

6. Motion Events 机器人工作区域设置

本选项只有一个设置选项，即“608-1 World Zones,”用来设置机器人工作的安全区域，如图 2-22 所示。

在开展一个具体工程前，先对语言、通信、运动模式、安全区等进行必要设置，以养成良好的工程习惯。

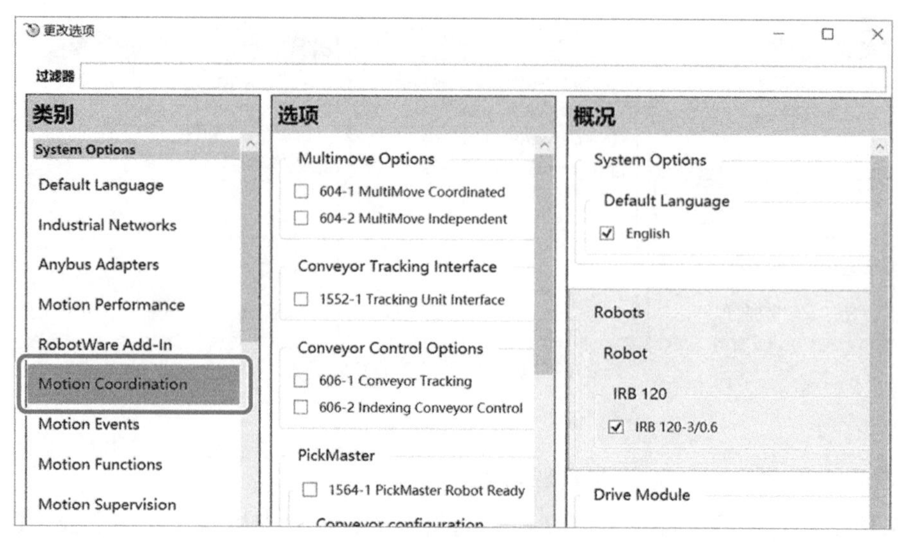

图 2-21　机器人协同设置

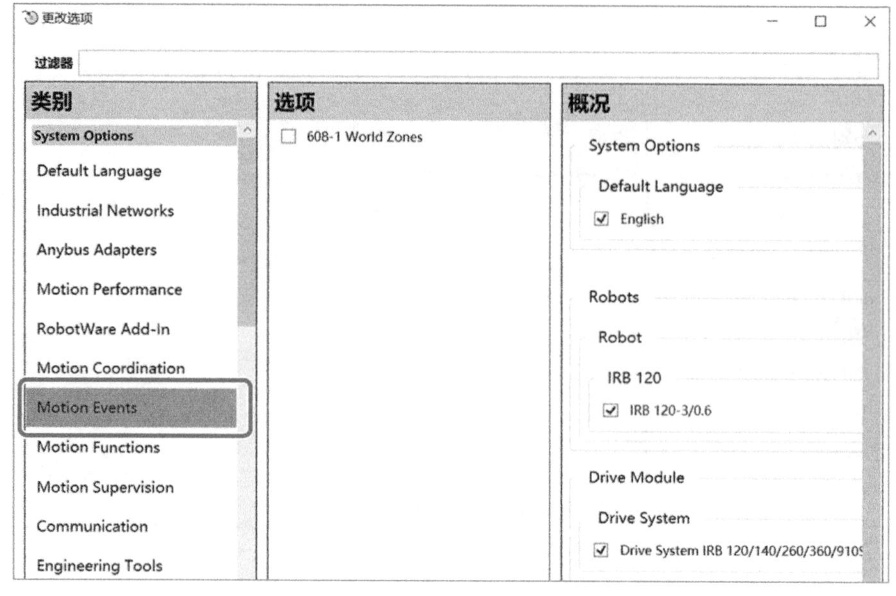

图 2-22　机器人工作区域设置

四、ABB 机器人 I/O 通信种类及常用标准 I/O 板

1. 关于 ABB 机器人 I/O 通信接口的说明

1）ABB 标准 I/O 板提供的常用信号处理有数字输入 DI、数字输出 DO、模拟输入

AI、模拟输出 AO，以及输送链跟踪，常用的标准 I/O 板有 DSQC651 和 DSQC652。

2）ABB 机器人可以选配标准 ABB 的 PLC，省去了与外部 PLC 进行通信设置的麻烦，并且可以在机器人的示教器上实现与 PLC 相关的操作。

ABB 标准 I/O 板是挂在 DeviceNet 网络上的，所以要设定模块在网络中的地址。常用的 ABB 标准 I/O 板见表 2-1。

表 2-1　ABB 标准 I/O 板

序号	型号	说明
1	DSQC651	分布式 I/O 模块 di8、do8、ao2
2	DSQC652	分布式 I/O 模块 di16、do16
3	DSQC653	分布式 I/O 模块 di8、do8 带继电器
4	DSQC355A	分布式 I/O 模块 ai4、ao4
5	DSQC377A	输送链跟踪单元

2. ABB 标准 I/O 板 DSQC651

DSQC651 板主要提供八个数字输入信号、八个数字输出信号和两个模拟输出信号的处理。

3. 定义 DSQC651 板的总线连接

ABB 标准 I/O 板都是挂在 DeviceNet 现场总线下的设备，通过 X5 端口与 DeviceNet 现场总线进行通信。定义 DSQC651 板总线连接的相关参数见表 2-2。

表 2-2　DSQC651 板总线连接的相关参数

参数名称	设定值	说明
Name	Board10	设定 I/O 板在系统中的名字
Type of Unit	D651	设定 I/O 板的类型
Connected to Bus	DeviceNet1	设定 I/O 板连接的总线
DeviceNet Address	10	设定 I/O 板在总线中的地址

4. 定义数字输入信号 di1 示例

数字输入信号 di1 的相关参数见表 2-3。

表 2-3　数字输入信号 di1 的相关参数

参数名称	设定值	说明
Name	Board10	设定数字输入信号的名字
Type of Signal	Digital Input	设定信号的种类
Assigned to Unit	Board10	设定信号所在的 I/O 模块
Unit Mapping	0	设定信号所占用的地址

5. 定义数字输出信号 do1 示例

数字输出信号 do1 的相关参数见表 2-4。

表 2-4　数字输出信号 do1 的相关参数

参数名称	设定值	说明
Name	Board10	设定数字输出信号的名字
Type of Signal	Digital Output	设定信号的种类
Assigned to Unit	Board10	设定信号所在的 I/O 模块
Unit Mapping	32	设定信号所占用的地址

6. 定义模拟输出信号 ao1 示例

模拟输出信号 ao1 的相关参数见表 2-5。

表 2-5　模拟输出信号 ao1 的相关参数

参数名称	设定值	说明
Name	ao1	设定模拟输出信号的名字
Type of Signal	Analog Output	设定信号的类型
Assigned to Unit	Board10	设定信号所在的 I/O 模块
Unit Mapping	0 ～ 15	设定信号所占用的地址
Analog Encoding Type	Unsigned	设定模拟信号的属性
Maximum Logical Value	10	设定最大逻辑值
Maximum Physical Value	10	设定最大物理值
Maximum Bit Value	65535	设定最大位值

7. 定义组输入信号 gi1 示例

组输入信号 gi1 的相关参数见表 2-6。

表 2-6　组输入信号 gi1 的相关参数

参数名称	设定值	说明
Name	gi1	设定组输入信号的名字
Type of Signal	Group Input	设定信号的类型
Assigned to Device	d651	设定信号所在的 I/O 模块
Device Mapping	1 ～ 4	设定信号所占用的地址

8. 定义组输出信号 go1 示例

组输出信号 go1 的相关参数见表 2-7。

表 2-7　组输出信号 go1 的相关参数

参数名称	设定值	说明
Name	go1	设定组输出信号的名字
Type of Signal	Group Output	设定信号的类型
Assigned to Device	d651	设定信号所在的 I/O 模块
Device Mapping	33 ～ 36	设定信号所占用的地址

练一练

1.（判断题）构建一个系统，使其和虚拟的控制器建立关联的过程是：单击“基本”菜单下的“机器人系统”，然后单击“从布局创建系统”，给系统取一个中文名字“项目一”。（　　）

2.（判断题）从布局创建系统，单击“完成”按钮后，右下角正在显示控制器的状态，红色表示控制器在启动过程中，这时无法进行正常的操作。（　　）

3.（判断题）在 RobotStudio ABB 模型库中，IRB120、IRB2600、IRB6640 等型号机器人都是六轴机器人。（　　）

任务单（表 2-8）

表 2-8　单元学习任务单

学习领域	工业机器人软件基础		
学习单元	单元一　RobotStudio 软件基础		
组　员		时间	
任　务	RobotStudio 软件的安装与设置		
任务要求	1. 能正确获取 RobotStudio 软件； 2. 能够正确解压、安装 RobotStudio 软件； 3. 能够创建一个基本工作站，并设置环境参数		
任务实施记录（小组共同策划部分）			
任务调研	1. 确认小组成员分工，明确各自的工作任务； 2. 搜索并阅读有关 RobotStudio、RobotWare、Rapid 的软件基础知识		
需要资料准备	课件、教材、网上学习平台		
知识与技能要点	1. 掌握 RobotStudio 软件的安装方法； 2. 掌握虚拟工作站的创建方法，能使用虚拟示教器控制机器人运动； 3. 掌握工程环境参数的设置方法		

（续）

小组实施效果记录	整体效果： 满意之处： 待改进之处：
任务实施记录（个人实施过程与效果分析）	
个人任务描述	
个人实施过程与效果分析	
自我评价	满意之处： 待改进之处：

赛一赛

开展虚拟工作站创建与操作赛一赛活动。通过“新建系统”方式创建一个新的虚拟工作站，工业机器人选型为 ABB IRB1200，从“导入模型库”中导入一个工作台和工具，工作台要求与工业机器人 X 轴正向成 45° 摆放，并按下列要求设置工业机器人环境参数，评分标准见表 2-9。

工作站环境参数要求：

1）系统默认语言为“Chinese”。

2）工业机器人总线模式为 PROFINET，并设置为 888-2 PROFINET Controller/Device。

3）将工作站的运动表现设置为 687-1 Advanced Robot Motion 选项。

4）选中工业机器人的安全区域并设置选项。

表 2-9　赛一赛评分标准（满分：20 分）

序号	评分项	权重	评分结果	得分	备注
操作完成情况					
1	完成时间（5min 内完成）	6	是　否		
2	虚拟工作站创建成功	1	是　否		
3	工具导入成功并安装到位	2	是　否		
4	工作台导入成功并摆放正确	2	是　否		
5	默认语言设置正确	2	是　否		
6	总线模式设置正确	1	是　否		
7	运动表现设置正确	1	是　否		
8	工作安全区设置正确	1	是　否		
素养与安全					
9	正确使用网络资源，具有知识产权保护意识	2	是　否		
10	软件操作过程文明、规范，保护实训室设备	2	是　否		
总得分					

单元二　ABB 工业机器人编程基础

知识与技能

1. 理解程序模块、系统模块、例行程序等基础性概念及其关系；
2. 会创建 Rapid 程序；
3. 会调试、运行 Rapid 程序。

过程与方法

1. 进一步熟练使用虚拟示教器操控工业机器人；
2. 掌握 Rapid 程序的创建方法；
3. 能正确使用几个基本运动控制指令；
4. 能创建常用例行程序。

情感与态度

1. 进一步培养安全意识；
2. 进一步培养技术立身思想，培养专业自信。

Rapid是ABB机器人所采用的一种编程语言。Rapid语言简单，易于编程，对于作业现场的示教编程有较大的优势。通常一个Rapid应用程序对应一个任务，每个任务又包含“系统模块”和“程序模块”两部分。“系统模块”多用于系统方面的控制，通常由机器人制造商或生产线建立者编写。“程序模块”中一般包含有特定作用的数据（Program Data）、例行程序（Routine）、中断程序（Trap）和功能（Function）四种对象，但不一定在一个模块中会同时出现这四种对象。所有程序模块中的数据、例行程序、中断程序和功能都是被系统共享的，无论它们存放在什么位置，都可以互相调用，因此，这些对象的命名不能重复。

在Rapid程序中，只有也只能有一个主程序“main”，它可以存在于任意一个程序模块中，是整个Rapid程序执行的起点。

一、启动虚拟示教器，做好准备工作

单击“示教器”，启动虚拟示教器，并完成基本设置，启动后的虚拟示教器如图2-23所示。单击示教器菜单，就可以开始编程之旅了。

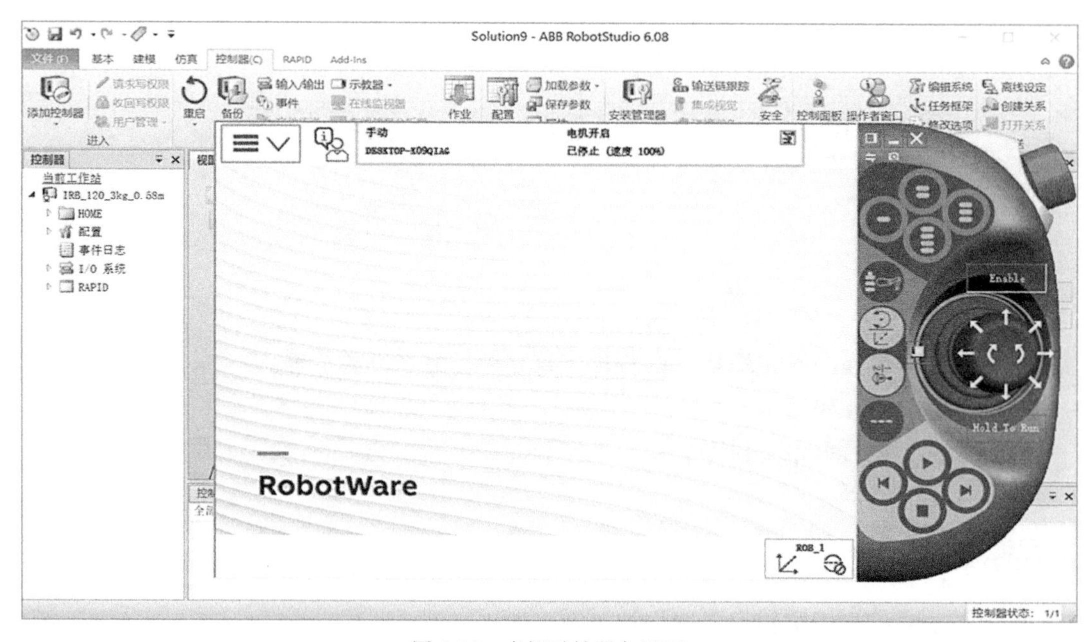

图2-23 虚拟示教器主界面

二、准备创建一个基础性Rapid主程序

要创建一个Rapid程序，首先要认识程序编辑界面。

第一步：在ABB开始菜单中，选择“程序编辑器”选项，出现程序编辑窗口，显示的是一个主程序编辑界面，如图2-24所示。

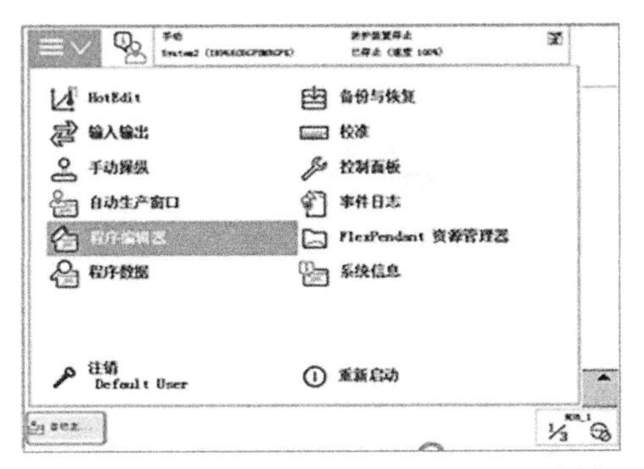
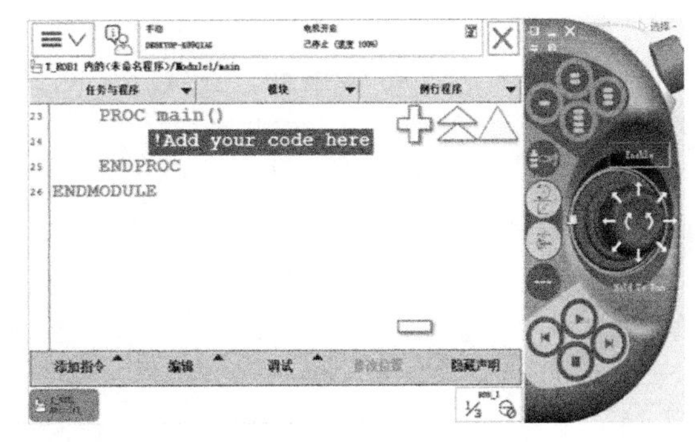

图 2-24　创建 Rapid 主程序步骤一

如果系统中不存在程序，就会弹出图 2-25 所示的对话框，可新建一个程序。若系统中已有程序，可加载一个程序。

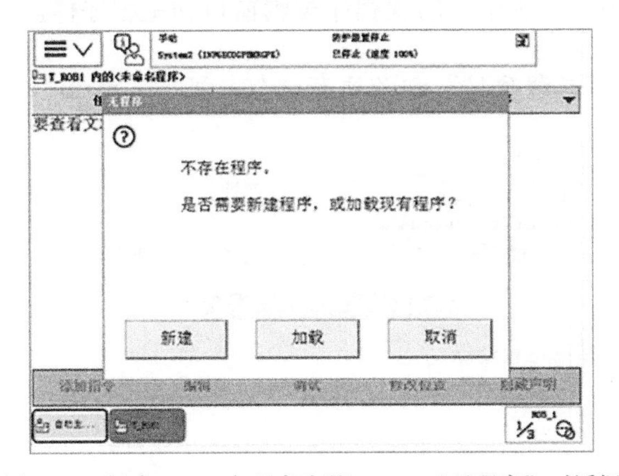

图 2-25　创建 Rapid 主程序步骤一——“无程序”对话框

第二步：单击“任务与程序”下拉菜单按钮，会出现现有程序列表，若没有目标程序，可单击“文件”→“新建程序”对程序进行新建，如图 2-26 所示。

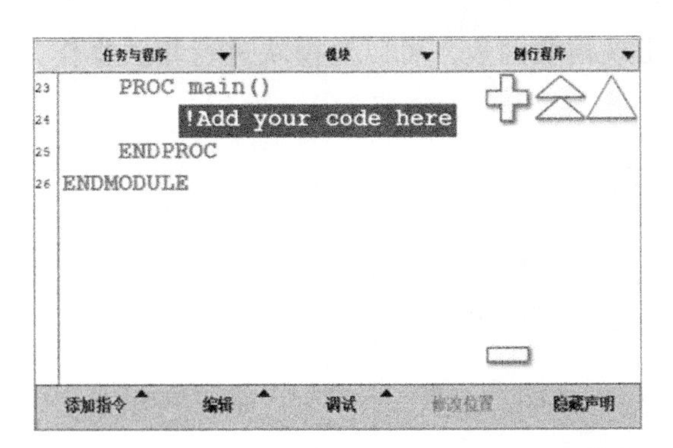

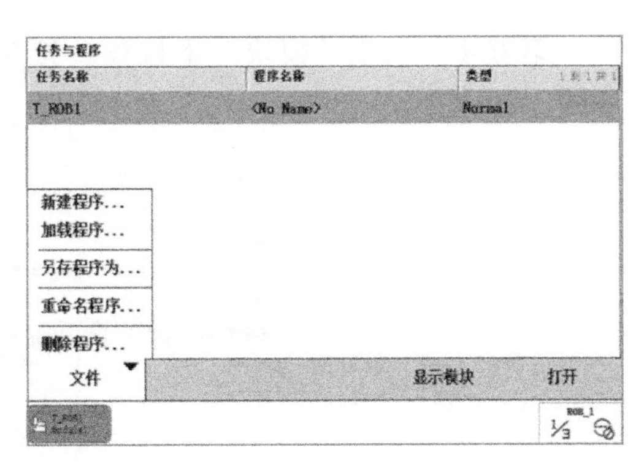

图 2-26　创建 Rapid 主程序步骤二

第三步：在“文件”菜单下，有多个对文件的操作选项，可尝试选择“重命名程序”，给程序命名一个个性化的程序名，如图 2-27 所示。

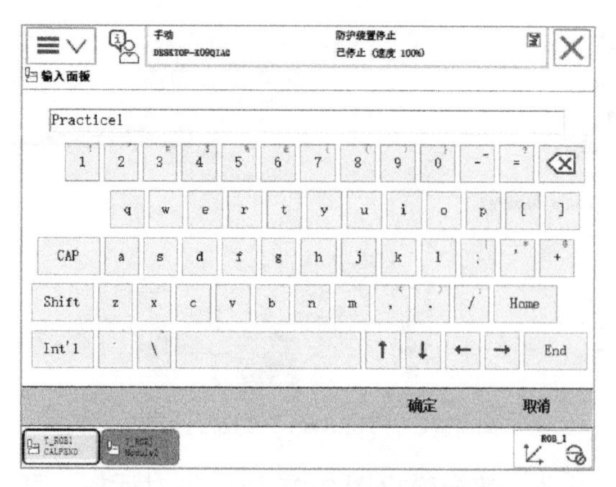

图 2-27　创建 Rapid 主程序步骤三

第四步：单击“确定”按钮，出现程序编辑窗口和主程序体。

注意：任何一个“工程项目”都必须有一个主程序“main”，如图 2-28 所示。

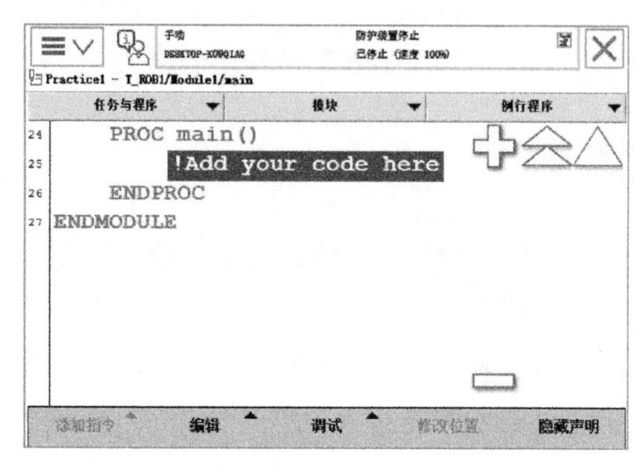

图 2-28　创建 Rapid 主程序步骤四

第五步：单击“模块”下拉菜单按钮，出现模块列表，可以对模块进行相关操作，如图 2-29 所示。

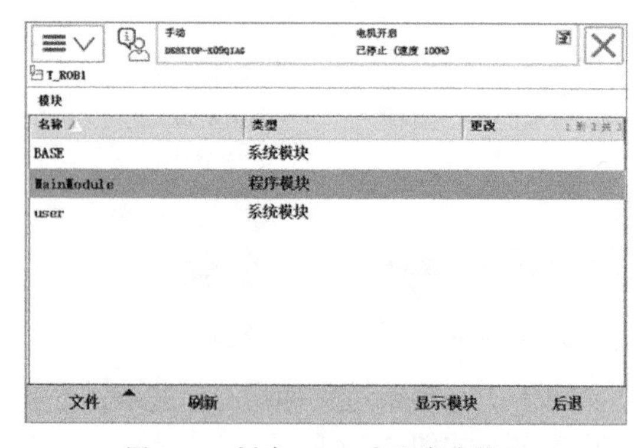

图 2-29　创建 Rapid 主程序步骤五

第六步：单击“例行程序”下拉菜单按钮，出现例行程序列表，在此可以实现对例行程序的相关操作，如图 2-30 所示。

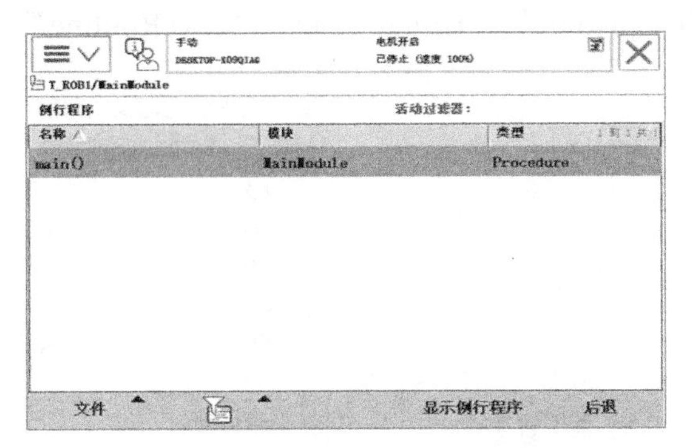

图 2-30　创建 Rapid 主程序步骤六

在模块与例行程序的“文件”菜单中，都有新建、复制等子菜单命令，可执行相应操作，如图 2-31 所示。若没有相关操作，可单击“后退”按钮回到程序编辑窗口。

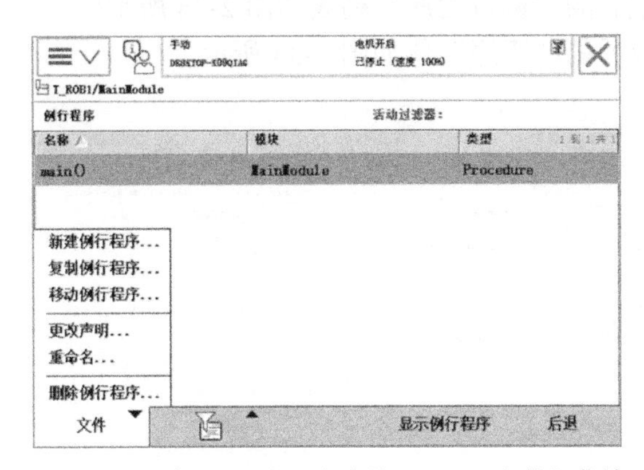

图 2-31　创建 Rapid 主程序步骤六——“文件”菜单

三、Rapid 程序中例行程序的创建

例行程序是主程序的一部分，是一种实现某一特定功能的专用程序，可以理解为我们常说的子程序，它可以被其他程序调用或多次调用。

Rapid 例行程序有三种：

1）普通例行程序 Procedure：可以用指令直接调用，又叫无返回值例行程序。

2）功能例行程序 Function ：可理解为一般意义上的函数，它也叫返回值程序，它有特定类型的返回值，必须用表达式才能调用。

3）中断例行程序 Trap：中断例行程序和某一个特定的中断连接，一旦中断条件满足，机器人将转入中断例行程序。中断例行程序不能在程序中直接被调用。

下面通过一个基础性示例任务来说明如何创建一个典型的 Rapid 例行程序。

任务要求：规定机器人空闲时，在位置点 pHome0 点等待，若外部信号 di0 输入信号为“1”，则机器人沿着工作台的一条边从 p10 点到 p20 点走一条直线，结束后回到 pHome0 点等待。具体路线如图 2-32 所示。

在建立主程序“Practice1”的基础上，下面通过新建例行程序的方法，创建三个例行程序，分别对应实现“回 Home 点”“初始化”和“直线路径运动”功能。创建的三个例行程序，分别命名为“pHome”“rInitall”和“rMoveRoutine”，如图 2-33 所示。

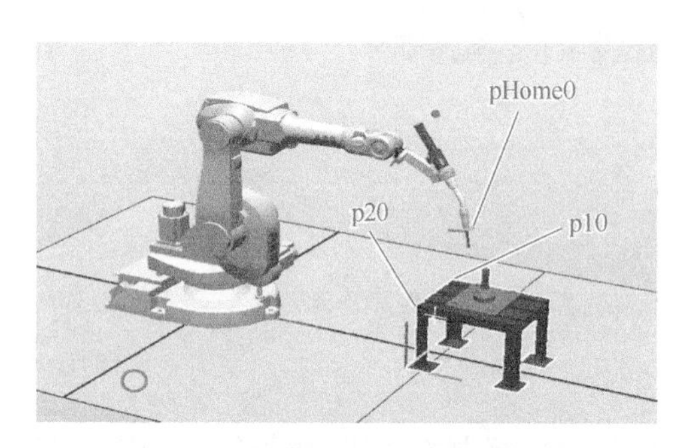

图 2-32　创建 Rapid 例行程序（1）

图 2-33　创建 Rapid 例行程序（2）

例行程序创建完成后的“例行程序”列表如图 2-34 所示。

例行程序创建完成后的“程序”体如图 2-35 所示。

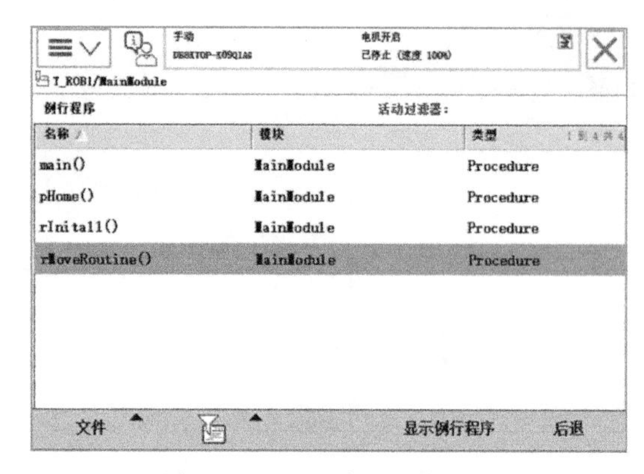

图 2-34　Rapid 例行程序列表

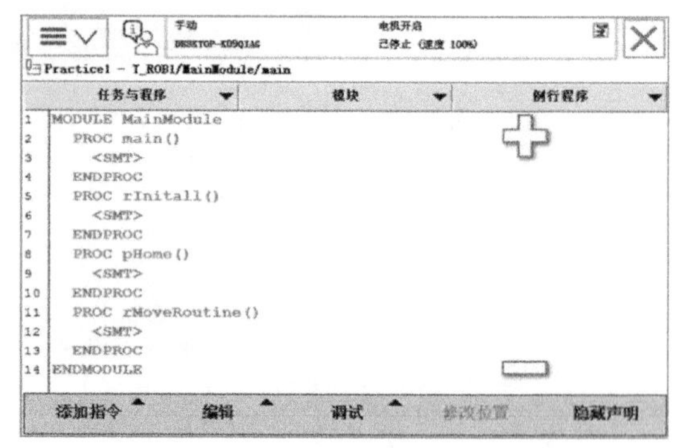

图 2-35　Rapid 例行程序

1. 回 Home 点例行程序的编写

为保证工业机器人的安全，往往需要设置一个工业机器人所有运动的初始起始点，以此点为起点，开始任务的第一个动作，这个初始起始点就是所谓的“Home”点，“Home”点也是工业机器人任务结束的最终停止点。处于“Home”点时的工业机器人姿态往往是最安全的，机械结构的受力也是最佳的。

机械手回原点

第一步：单击 ABB 菜单，切换到“手动操纵”模式下，检查确认工具坐标系与工件坐标系等基本信息，如图 2-36 所示。

第二步：切换到编辑程序“Practice1”界面下，选中“pHome”下的程序编辑体“<SMT>”，单击“添加指令”下拉菜单按钮后，在右侧将出现常用指令列表“Common”，如图 2-37 所示。

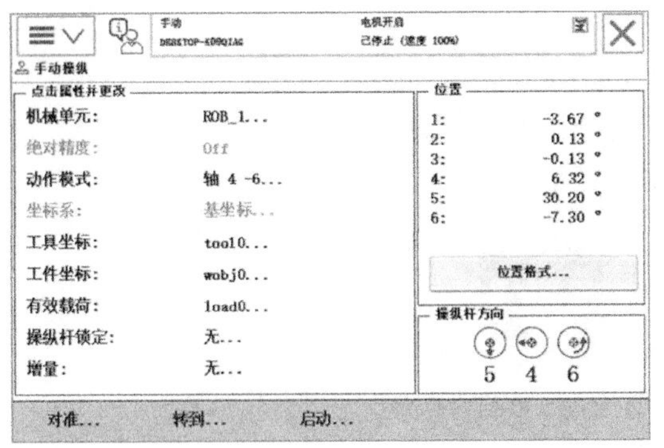

图 2-36　Rapid 例行程序—回 Home 点创建步骤一

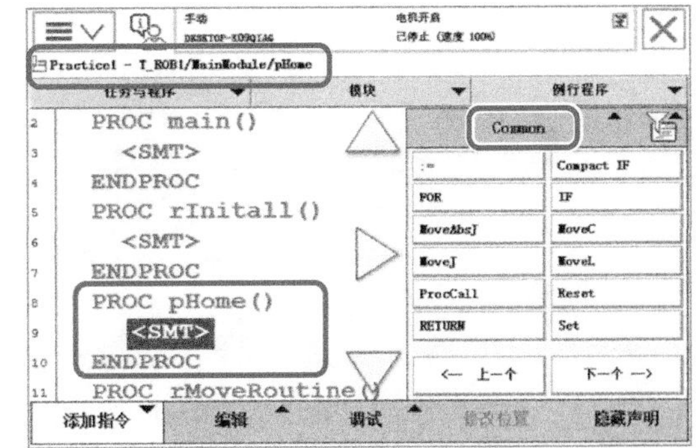

图 2-37　Rapid 例行程序—回 Home 点创建步骤二

第三步：单击 MoveJ 指令，在 pHome 程序段内添加一行指令。双击“ * ”，修改其参数，如图 2-38 所示。

在“新数据声明”中可进行“名称”“范围”等项目的修改与设置，如图 2-39 所示。

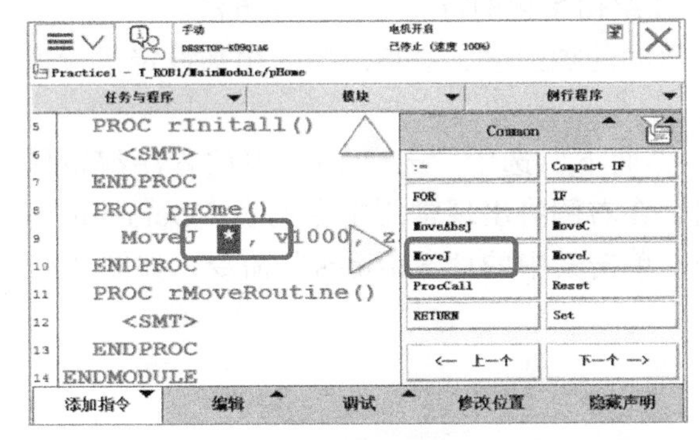

图 2-38　Rapid 例行程序—回 Home 点创建步骤三

新数据声明
数据类型: robtarget
当前任务: T_ROB1
名称: p10
范围: 全局
存储类型: 常量
任务: T_ROB1
模块: MainModule
例行程序: <无>
维数 <无>
初始值
确定
取消

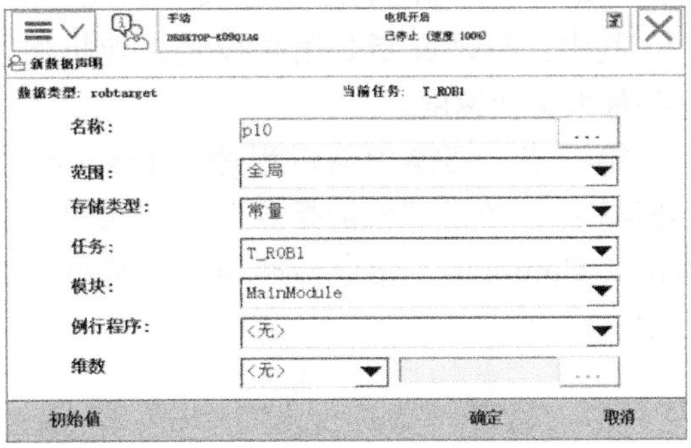

图 2-39　Rapid 例行程序—回 Home 点创建步骤三：项目的修改与设置

第四步：将其“名称”修改为“ pHome0”，单击“确定”按钮，如图 2-40 所示。因“ pHome”已在程序名中使用，为避免混淆，故这里将其命名为“ pHome0”，其他参数暂时使用默认值即可。

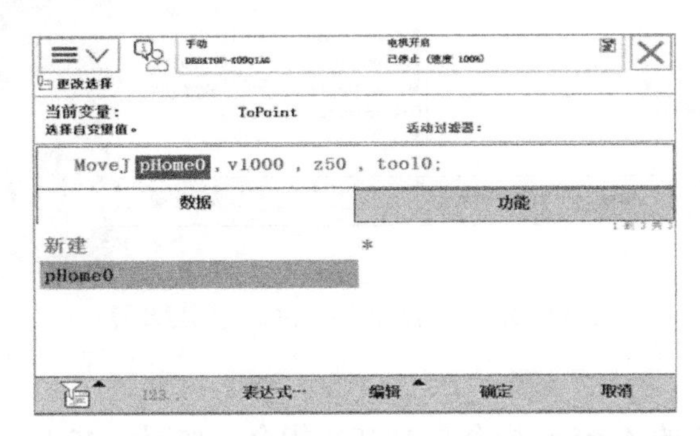

图 2-40　Rapid 例行程序—回 Home 点创建步骤四

第五步：选择合适的动作模式，利用摇杆将机器人调整到一个合适的位置，定义为 pHome0 点，也可以直接利用初始化程序来定义 pHome0 点，如图 2-41 所示。

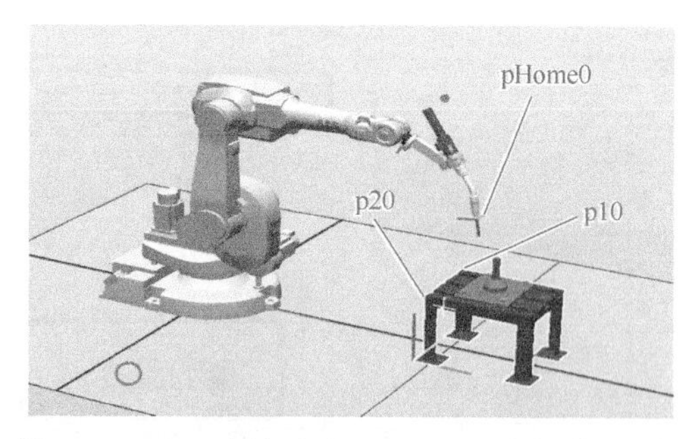

图 2-41　Rapid 例行程序—回 Home 点创建步骤五

至此，回 Home 点的例行程序就编写好了。

2. 初始化例行程序的编写

要创建一个规范的工作任务，需要对工作任务的环境进行必要的设定，而这个设定往往在“初始化例行程序”中完成。下面创建一个初始化例行程序，其中加入两行有关速度的设定指令及 pHome0 的定义，以此为例来介绍初始化例行程序的创建方法。

其中：AccSet 指令用来设定工业机器人运动的加速度，VelSet 指令用来设定运行速率与最大运行速度。

第一步：切换到编辑程序“Practice1”界面下，选中“rInitall”下的程序编辑体“<SMT>”，单击“添加指令”下拉菜单按钮，在右侧将出现常用指令列表“Common”。单击“Common”命令转换为指令类型列表，单击其中的“Settings”命令，如图 2-42 所示。

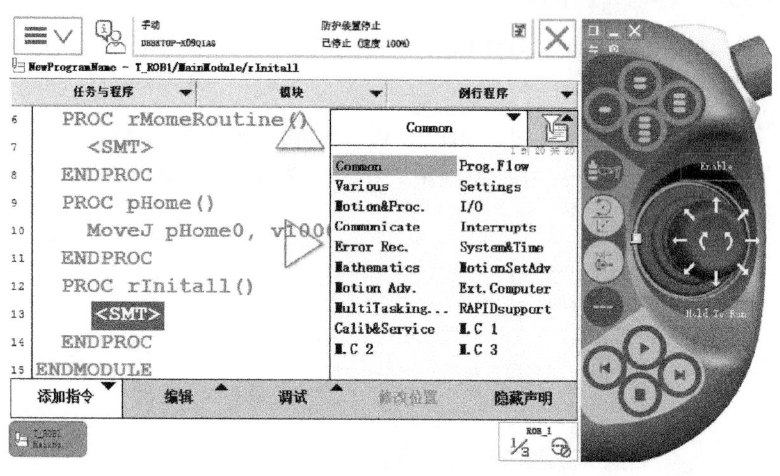

图 2-42　Rapid 例行程序—初始化创建步骤一

第二步：插入相应的 AccSet 指令与 VelSet 指令，如图 2-43 所示。

最后，回到 Common 命令下，单击“ProcCall”命令，选择“pHome”例行程序，以保证程序每次启动时，机器人都能自动回到初始点，如图 2-44 所示。

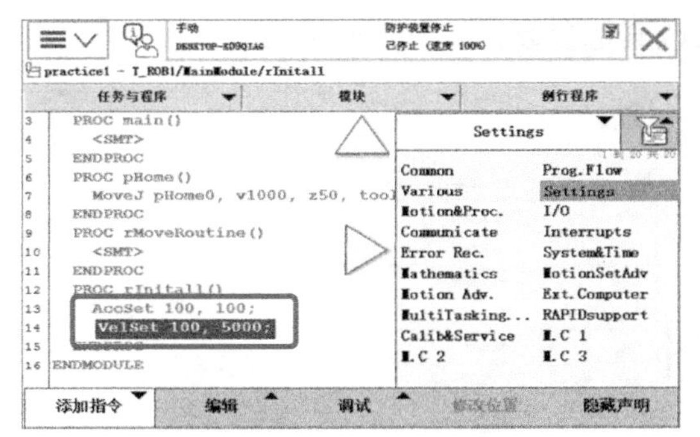

图 2-43　Rapid 例行程序—初始化创建步骤二

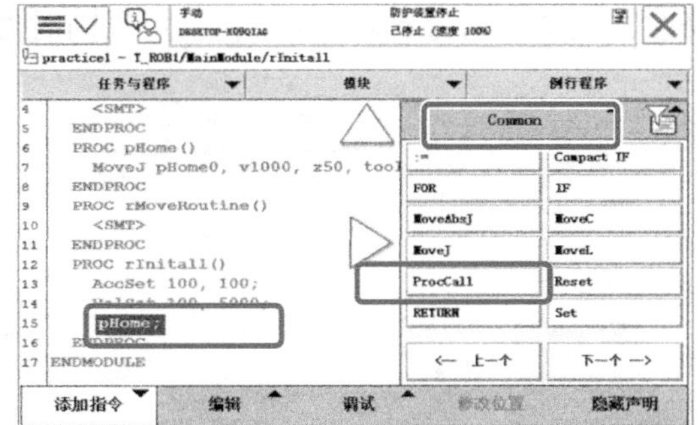

图 2-44　Rapid 例行程序—初始化创建步骤三

至此，一个最简版初始化例行程序就编辑完成了。

3. 直线运动程序“rMoveRoutine”的编写

为实现一些特定功能，可以创建一个或多个例行程序，下面以工业机器人实现一条直线运动控制来举例说明。

第一步：在“手动操纵”模式下，将机器人示教到对应的位置点，并通过点定义，将相关位置信息存入 p10、p20 点，如图 2-45 所示。

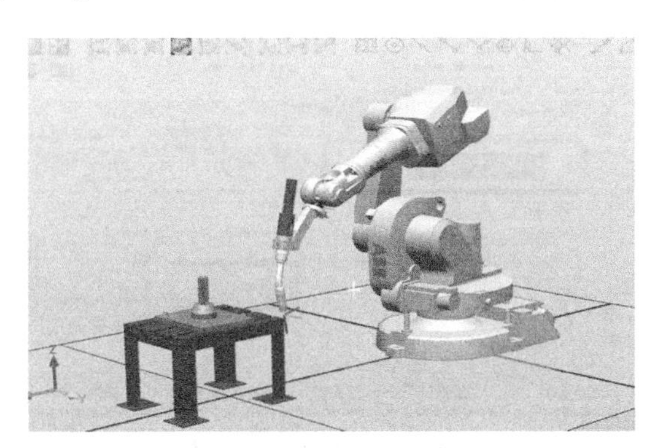

图 2-45　Rapid 例行程序—直线运动创建步骤一

定义好的 p10、p20 等点的列表如图 2-46 所示。

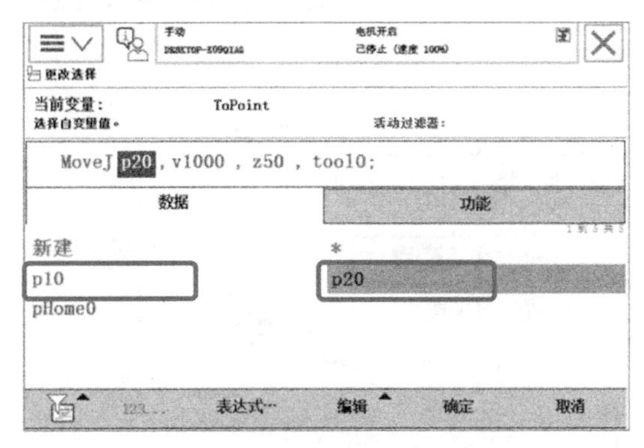

图 2-46　Rapid 例行程序—直线运动创建步骤一：位置点列表

第二步：在 rMoveRoutine 例行程序中加入两行指令，分别为 MoveJ 和 MoveL。并修改其点位分别为 p10 和 p20，也可以同时修改其他参数，如图 2-47 所示。

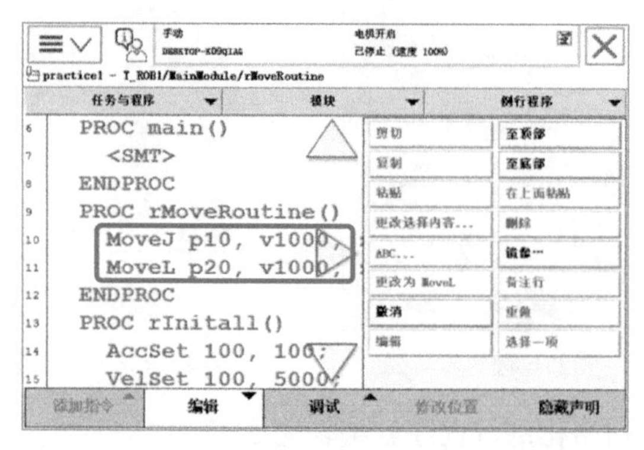

图 2-47 Rapid 例行程序—直线运动创建步骤二

至此，直线运动程序编写完毕。

4. 主程序的编写

第一步：在 main 程序块中添加 rInitall 例行程序，如图 2-48 所示。使程序一开始执行时工业机器人就进入初始化状态。

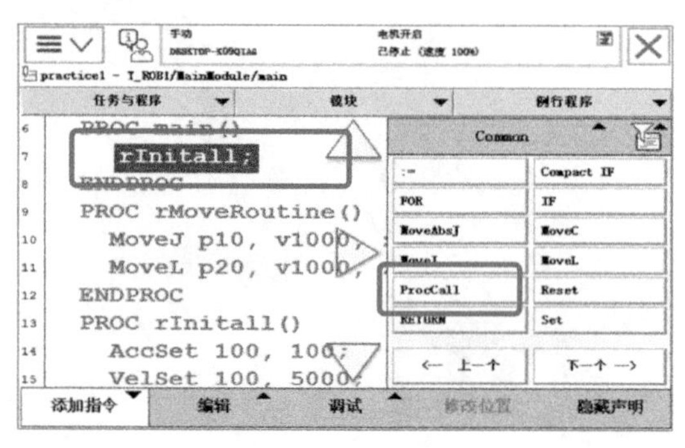

图 2-48 Rapid 例行程序—主程序创建步骤一

第二步：添加一个 WHILE 判断程序，当外部条件满足时，其以下程序将自动运行。选中判断条件，依次单击“编辑”→“更改选择内容”，然后选择“true”选项，如图 2-49 所示。

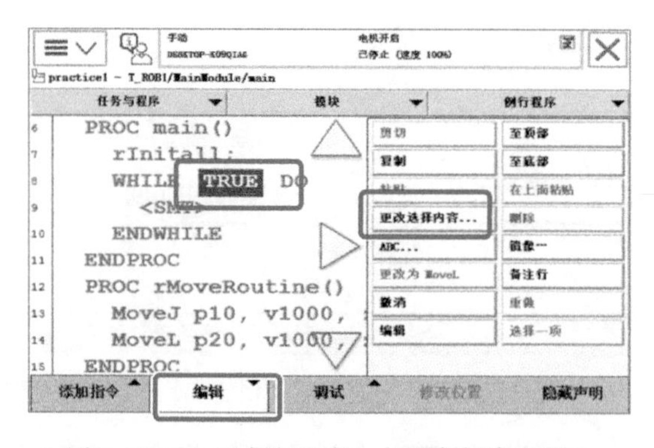

图 2-49 Rapid 例行程序—主程序创建步骤二

第三步：依次输入 IF 语句、延时语句，如图 2-50 所示。

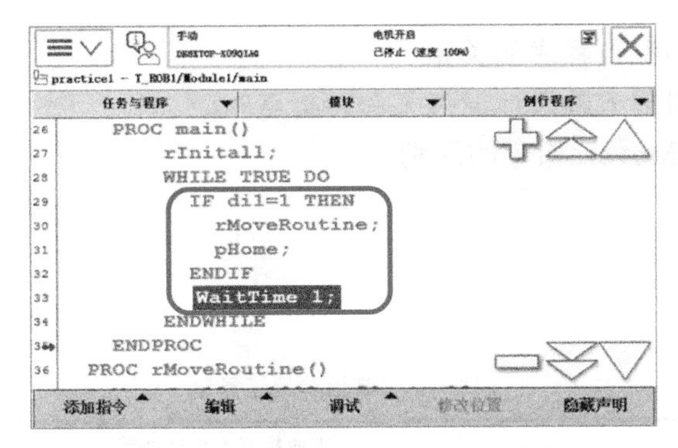

图 2-50　Rapid 例行程序—主程序创建步骤三

至此，主程序编写完毕。

5. 程序的调试

第一步：单击“调试”下拉菜单按钮，选择“检查程序”选项，如图 2-51 所示。

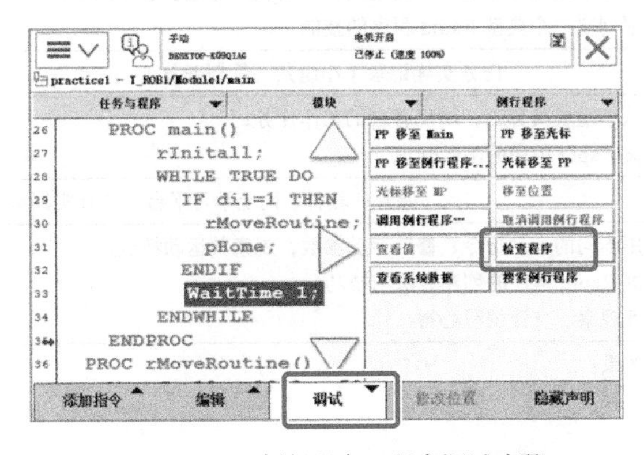

图 2-51　Rapid 例行程序—程序调试步骤一

第二步：在弹出的“检查程序”对话框中，若提示“未出现任何错误”，则单击“确定”按钮，如图 2-52 所示。

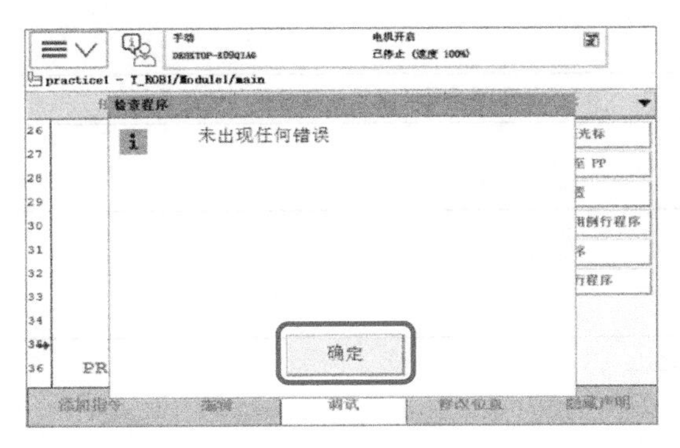

图 2-52　Rapid 例行程序—程序调试步骤二

至此，一个完整的 Rapid 程序就编写完成了。

练一练

1. 简述程序模块与例行程序的关系。
2. 如何保证工业机器人顺滑地通过某一转折点？
3. 简述 MoveJ 与 MoveL 指令的区别。

任务单（表 2-10）

表 2-10　单元学习任务单

<table>
<tr><td>学习领域</td><td colspan="3">工业机器人软件基础</td></tr>
<tr><td>学习单元</td><td colspan="3">单元二　ABB 工业机器人编程基础</td></tr>
<tr><td>组　　员</td><td></td><td>时间</td><td></td></tr>
<tr><td>任　　务</td><td colspan="3">创建一个典型 Rapid 程序</td></tr>
<tr><td>任务要求</td><td colspan="3">1. 查阅、学习 Rapid 程序的结构，理解模块、程序、任务等概念；
2. 掌握几条基础性运动指令的应用，为后续学习建立感性认识；
3. 掌握创建一个典型 Rapid 程序的技能</td></tr>
<tr><td colspan="4">任务实施记录（小组共同策划部分）</td></tr>
<tr><td>任务调研</td><td colspan="3">1. 确认小组成员分工，明确各自的工作任务；
2. 查阅 Rapid 程序的基础知识</td></tr>
<tr><td>需要资料准备</td><td colspan="3">课件、教材、网上学习平台、仿真实训室</td></tr>
<tr><td>知识与技能要点</td><td colspan="3">1. 运用不同的运动指令、修改相关参数，观察其运动特点；
2. 掌握 Rapid 程序的创建方法与技巧；
3. 相互观察、交流编程心得</td></tr>
<tr><td>小组实施
效果记录</td><td colspan="3">整体效果：

满意之处：

待改进之处：</td></tr>
<tr><td colspan="4">任务实施记录（个人实施过程与效果分析）</td></tr>
<tr><td>个人任务
描述</td><td colspan="3"></td></tr>
<tr><td>个人实施
过程与效果
分析</td><td colspan="3"></td></tr>
<tr><td>自我评价</td><td colspan="3">满意之处：

待改进之处：</td></tr>
</table>

赛一赛

开展 Rapid 程序编辑与操作赛一赛活动。通过创建一个程序模块，实现图 2-53 中图形所示的任务。运用相应运动指令控制工业机器人实现图 2-53 所示的运动轨迹。

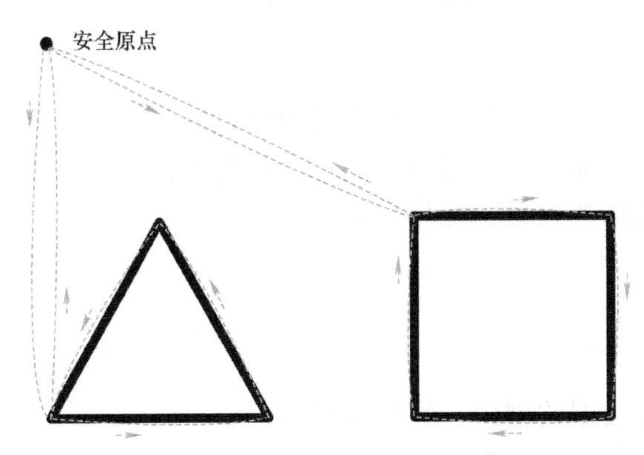

图 2-53　工业机器人运动轨迹图

任务要求：

1）创建一个典型 Rapid 程序模块，包括初始化、回安全点、运动功能实现，主程序及相关例行程序；

2）运动指令要用到 MoveJ 指令和 MoveL 指令，并至少应用一次。

3）运动指令中速度参数统一设置为 100。

4）运动指令中转弯半径参数在三角形中设置为 10，但在四边形中统一设置为 fine。

评分标准见表 2-11。

表 2-11　赛一赛评分标准（满分：20 分）

序号	评分项	权重	评分结果	得分	备注
操作完成情况					
1	完成时间（10min 内完成）	4	是　否		
2	初始化例行程序编写	2	是　否		
3	回安全原点例行程序编写	3	是　否		
4	主程序编写	1	是　否		
5	运动指令的使用	1	是　否		
6	三角形轨迹实现	1	是　否		
7	正方形轨迹实现	1	是　否		
8	三角形转弯半径设置	1	是　否		
9	正方形转弯半径设置	1	是　否		
10	速度参数设置	1	是　否		
素养与安全					
11	独立自主完成任务	2	是　否		
12	文明、规范操作	2	是　否		
总得分					

单元三　ABB 工业机器人程序数据基础

知识与技能

1. 掌握程序数据的定义，认识、熟悉常用程序数据；
2. 掌握程序数据的存储类型，理解它们的应用特点；
3. 掌握典型程序数据的类型、操作、应用情况。

过程与方法

1. 掌握对典型程序数据的创建、编辑等技能；
2. 重点掌握运动速度、转弯半径、点位设置、工件坐标系和工具坐标系选择等技能；
3. 进一步熟练工件坐标系、工具坐标系的标定技巧，掌握有效载荷数据的修改、应用方法。

情感与态度

1. 培养工程应用思维，处处考虑、体现工程应用特点；
2. 进一步提升技术素养，通过查阅资料，主动拓展知识面与应用技能。

一、ABB 工业机器人程序数据的类型

程序中声明的数据就是程序数据。

程序数据是在程序模块或系统模块中设定的值和定义的一些环境数据。创建的程序数据可以由同一个模块或其他模块中的指令来调用。

ABB 工业机器人系统中的程序数据共有 76 个。在程序的编辑中，根据不同的数据用途，也可根据实际情况自行创建不同的程序数据，这为程序编辑设计带来了无限的可能。在 76 个 ABB 机器人的程序数据中，常用的程序数据见表 2-12。

表 2-12　常用的程序数据

程序数据	说明
bool	布尔量数据
byte	整数数据 0 ~ 255
clock	计时数据
dionum	数字输入 / 输出信号
extjoint	外轴位置数据
intnum	中断标志符

（续）

程序数据	说明
jointtarget	关节位置数据
loaddata	负荷数据
mecunit	机械装置数据
num	数值数据
orient	姿态数据
pos	位置数据（只有 X、Y 和 Z）
pose	坐标转换
robjoint	机器人轴角度数据
robtarget	机器人与外轴的位置数据
speeddata	机器人与外轴的速度数据
string	字符串
tooldata	工具数据
trapdata	中断数据
wobjdata	工件数据
zonedata	TCP 转弯半径数据

在示教器中查询程序数据的步骤如下：

第一步：单击 ABB 菜单，在出现的开始菜单界面中，选择“程序数据”选项，如图 2-54 所示。

第二步：打开程序数据，就会显示全部程序数据的类型，如图 2-55 所示。

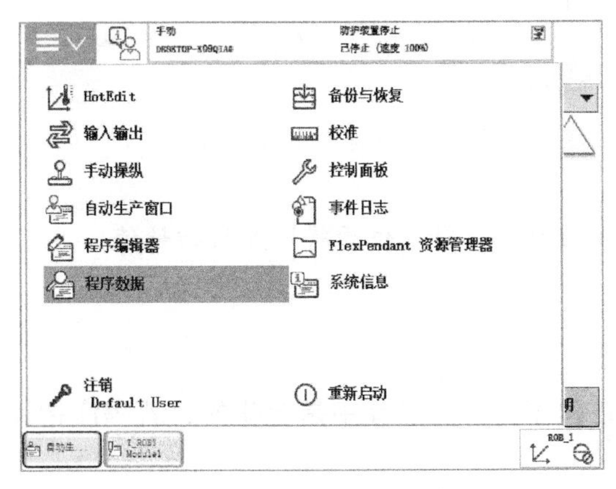

图 2-54　查询程序数据步骤一

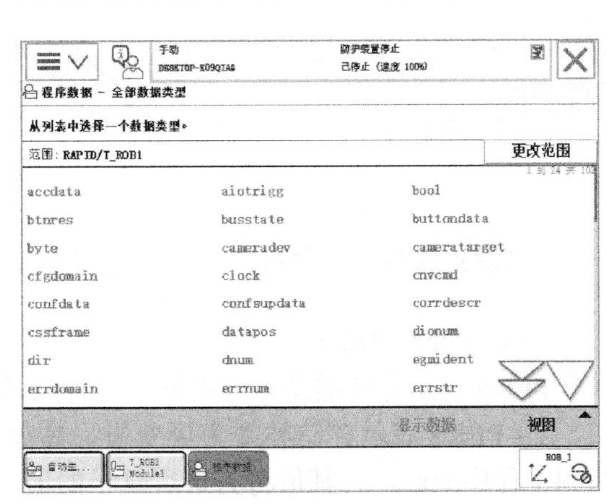

图 2-55　查询程序数据步骤二

程序数据有以下三种存储类型：

（1）变量 VAR

VAR 表示存储类型为变量，其特点是：

1）变量型数据无论是在程序执行的过程中还是停止时，都会保持着当前的值，不会改变。

2）如果程序指针被移动到主程序外面，则变量型数据的数值会丢失。

变量 VAR 举例说明一：

VAR num length:=0; 代表名称为 length 的数值数据。

VAR string name:="John"; 表示名称为 name 的字符串数据。

VAR bool finished:=FALSE; 表示名称为 finished 的布尔量数据。

变量 VAR 举例说明二：

对变量 VAR 进行了数据的声明后，在程序编辑窗口中将会显示，如图 2-56 所示。

变量 VAR 举例说明三：

在机器人执行 Rapid 程序的过程中也可以对存储类型为变量的程序数据进行赋值操作。编程实现以下三种类型的赋值操作。

将名称为 length 的数值数据赋值为 0；

将名称为 name 的字符串数据赋值为 John；

将名称为 finished 的布尔量数据赋值为 FALSE。

具体操作如图 2-57 所示。

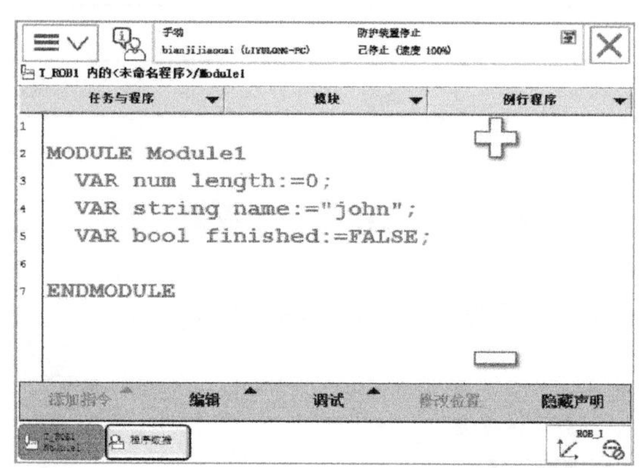

图 2-56　变量 VAR 定义示例

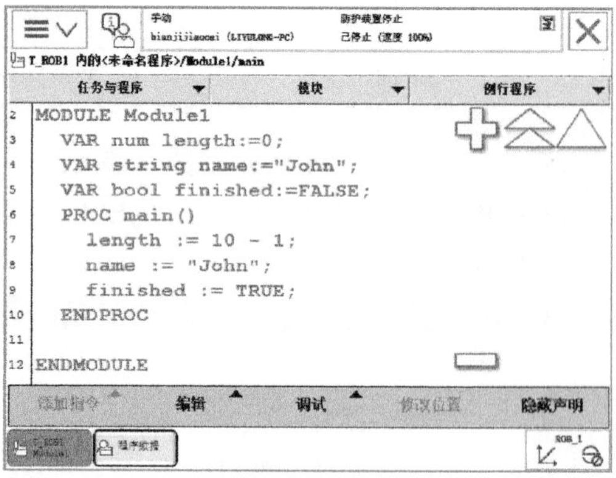

图 2-57　变量 VAR 编程赋值示例

注意：在程序中执行变量型程序数据的赋值时，指针复位后将恢复为初始值。

（2）可变量 PERS

PERS 表示存储类型为可变量，其特点是：

1）PERS 表示存储类型为可变量。其值在程序的执行过程中是变化的，若程序指针回到主程序 main()，其值将为最后赋予的值。

2）无论程序的指针如何改变，可变量型数据都会保持最后赋予的值。

可变量 PERS 举例说明一：

PERS num nbr:=1; 表示名称为 nbr 的数值数据。

PERS string text:="Hello"; 表示名称为 text 的字符串数据。

可变量 PERS 举例说明二：

在示教器中对可变量 PERS 进行定义后，在程序编辑窗口中将会显示，如图 2-58 所示。

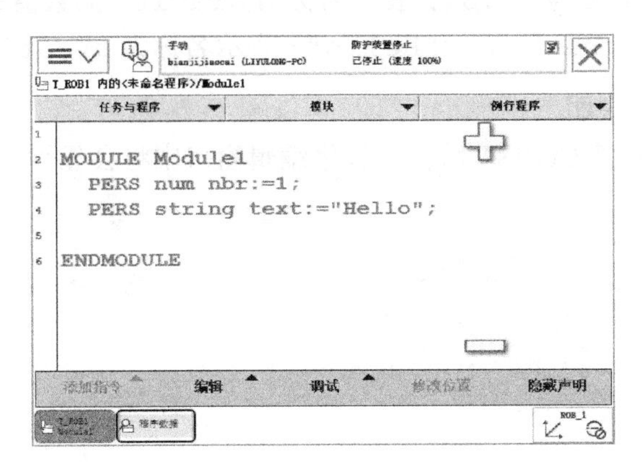

图 2-58　可变量 PERS 定义示例

可变量 PERS 举例说明三：

在机器人执行 Rapid 程序的过程中，可以对可变量存储类型程序数据进行赋值的操作。编程实现以下两个类型的赋值操作：

对名称为 nbr 的数字数据赋值为 8；

对名称为 text 的字符数据赋值为“Hi”。

具体操作如图 2-59 所示。

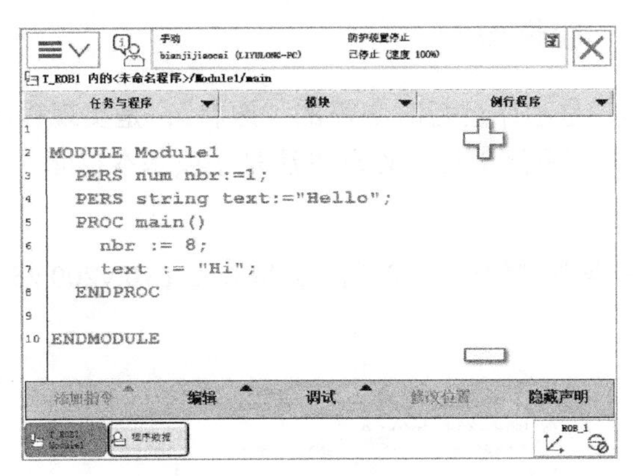

图 2-59　可变量 PERS 编程赋值示例

注意：在程序执行以后，赋值结果会一直保持，与程序指针的位置无关，直到重新对数据进行赋值，才会改变原来的值。

（3）常量 CONST

第三种数据类型就是常量型程序数据，常量的特点是定义的时候就已经被赋予了数值，它不能在程序中进行修改，除非进行手动的修改，否则数值一直不变。

CONST 表示存储类型是常量。其特点是：定义的时候就已经被赋予了某一确定的数值，其值并不能在程序中进行修改，除非进行手动的修改，否则数值一直不变。

常量 CONST 举例说明一：

CONST num gravity:=9.81; 表示名称为 gravity 的数值数据。

CONST string greating:="Hello"; 表示名称为 greating 的字符串数据。

常量 CONST 举例说明二：

当在程序中定义常量 CONST 后，在程序编辑窗口中将会显示，如图 2-60 所示。

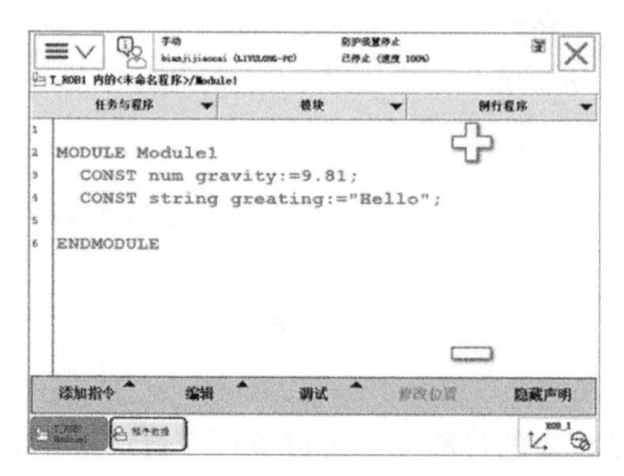

图 2-60　常量 CONST 定义示例

注意： 存储类型为常量的程序数据，不允许在程序中进行赋值的操作。

二、程序数据的一般性操作

数据是信息的载体，是程序运行时必需的“原料”，是实现程序功能的基础。数据的形式是多样的，掌握对常用程序数据的处理方法是一项基本技能。

1. 认识程序数据

如图 2-61 所示，一条典型的运动控制指令 MoveL p10,v200,z50,tool0，就用到了四个程序数据。

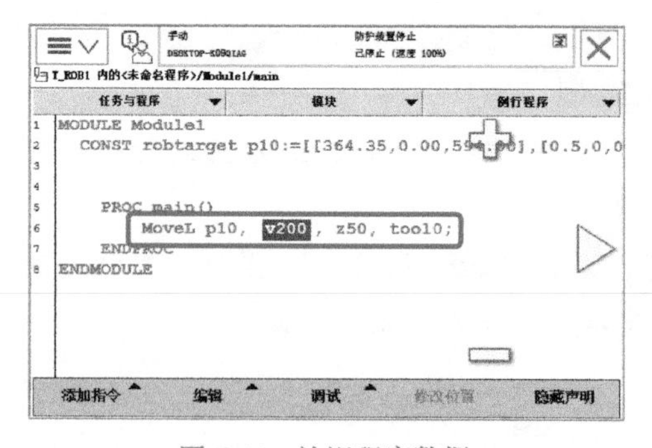

图 2-61　认识程序数据

1）p10。工业机器人运动目标点位置数据，其数据类型为 robtarget，用以定义工业机器人运动目标点的坐标信息。

2）v200。工业机器人运动速度数据，其数据类型为 speeddata，用以定义工业机器人运动中的速度，其单位为 mm/min。

3）z50。工业机器人运动的转弯数据，其数据类型为 zonedata，用以规定工业机器人运动中的转弯半径。

z 指令表示转弯半径，后面接某一具体的数值，如 z100、z50。数值越大，说明转弯半径越大。在此类数据中有一个较为特殊的 fine 参数，转弯数据若设定为 fine 时，系统不会预读下一行程序，要等当前程序行运行完以后，程序指针才跳到下一条程序，所以执行 fine 指令时，机器人会有短暂的停顿。转弯数据设定为 z 时，系统会预读下一条程序，此时机器人 TCP 运动没有停顿，且不会精确经过当前的点位，实际执行的效果是以数值规定的半径平滑地经过当前点位，如 z50 经过当前点位的转弯半径为 50mm。如果 fine 指令后面跟着的是一条发出某一信号的指令，则机器人精确到位后，信号才会被发出执行，而如果使用 z 指令，会出现机器人还没运动到位，这一信号就已发出的不利局面。要注意 z0 的转弯半径并不是 0，而是 0.3mm，这是系统规定的，由此也说明 z0 与 fine 是有区别的。

4）tool0。工业机器人工具数据，其数据类型为 tooldata，用以规定工业机器人所使用的工具坐标系。

2. 典型程序数据的创建——布尔型数据创建

下面以创建布尔型程序数据为例，介绍布尔数据的创建方法与步骤：

第一步：在示教器的主菜单界面上，单击“程序数据”，如图 2-62 所示。

第二步：单击右下角的“视图”下拉按钮，将“全部数据类型”勾选上，如图 2-63 所示。

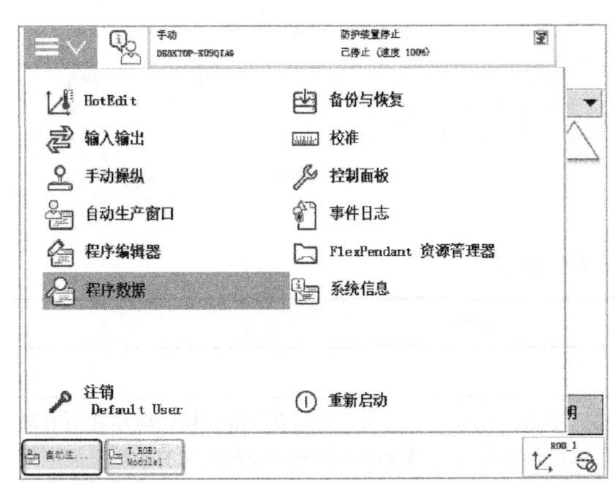

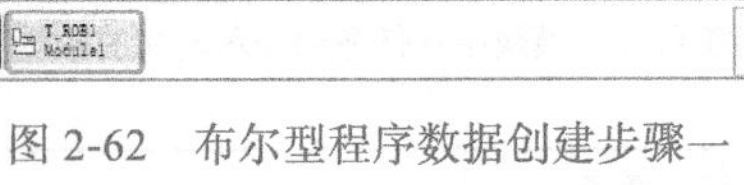

图 2-62　布尔型程序数据创建步骤一

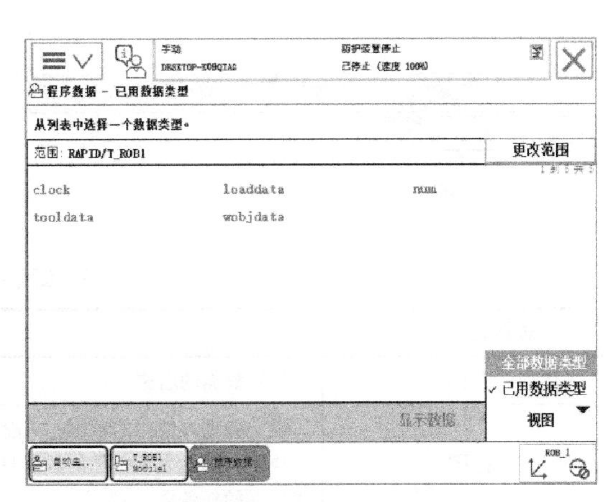

图 2-63　布尔型程序数据创建步骤二

第三步：出现“全部数据类型”界面，全部的程序数据类型都被列举出来了，如图 2-64 所示。

第四步：从列表中选择所需要的数据类型，这里选择“ bool”数据类型，如图 2-65 所示。

图 2-64　布尔型程序数据创建步骤三

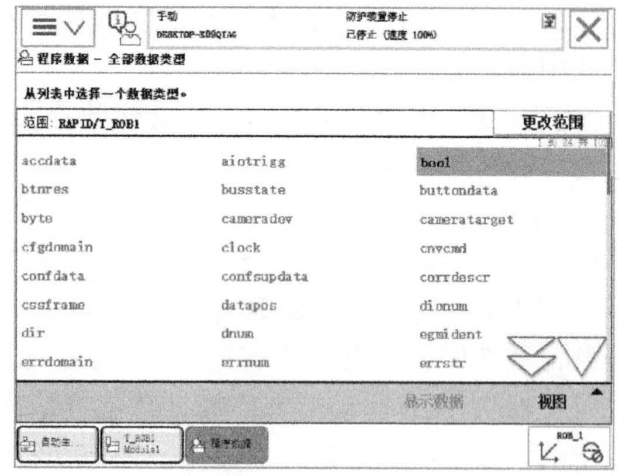

图 2-65　布尔型程序数据创建步骤四

第五步：单击界面右下方的“显示数据”按钮，出现如图 2-66 所示的界面。单击“新建”按钮，进行程序数据的创建。

第六步：进入“新数据声明”界面，如图 2-67 所示。新数据声明的说明见表 2-13。

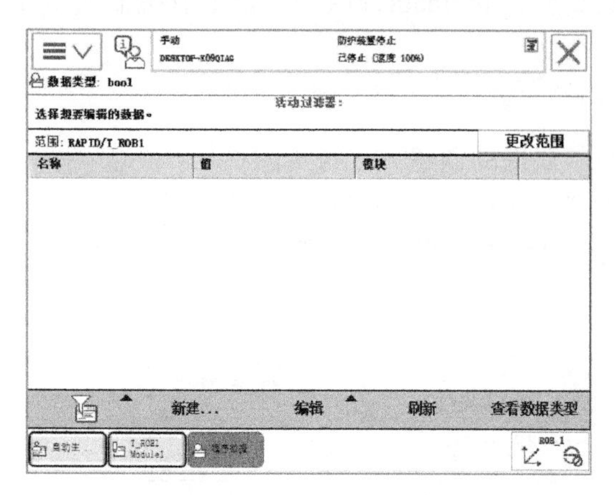

图 2-66　布尔型程序数据创建步骤五

图 2-67　布尔型程序数据创建步骤六

表 2-13　新数据声明的说明

数据设定参数	说明
名称	设定数据的名称
范围	设定数据可使用的范围，有全局、本地和任务三个选择。全局表示数据可以应用在所有的模块中；本地表示定义的数据只可以应用于所在的模块中；任务则表示定义的数据只能应用于所在的任务中
存储类型	设定数据的可存储类型，如变量、可变量、常量
任务	设定数据所在的任务
模块	设定数据所在的模块
例行程序	设定数据所在的例行程序
维数	设定数据的维数
初始值	设定数据的初始值，数据类型不同，初始值也会不同，根据需要选择合适的初始值

第七步：例如创建一个“finished”数据，单击名称后面的“…”按钮，出现软键盘，输入所需要的名称，单击“确定”按钮，命名工作就完成了，如图 2-68 所示。

第八步：设置数据的范围为全局，存储类型为变量，任务和模块采用默认值，不用更改，如图 2-69 所示。

图 2-68　布尔型程序数据创建步骤七

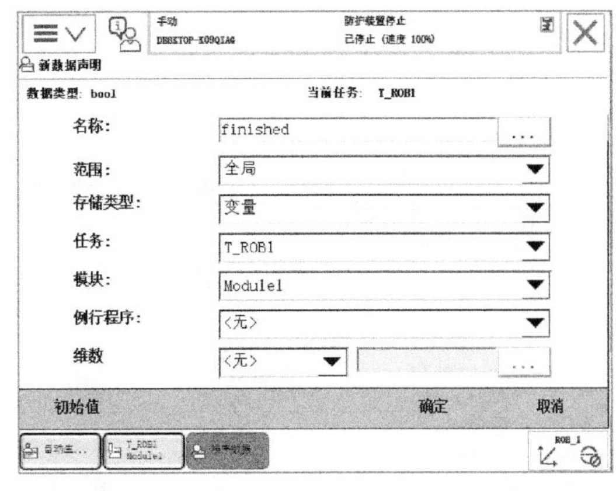

图 2-69　布尔型程序数据创建步骤八

第九步：单击界面左下方的“初始值”按钮，假设将初始值设定为 TRUE，然后单击“确定”按钮，如图 2-70 所示。

第十步：返回数据声明界面，然后单击“确定”按钮，如图 2-71 所示。

图 2-70　布尔型程序数据创建步骤九

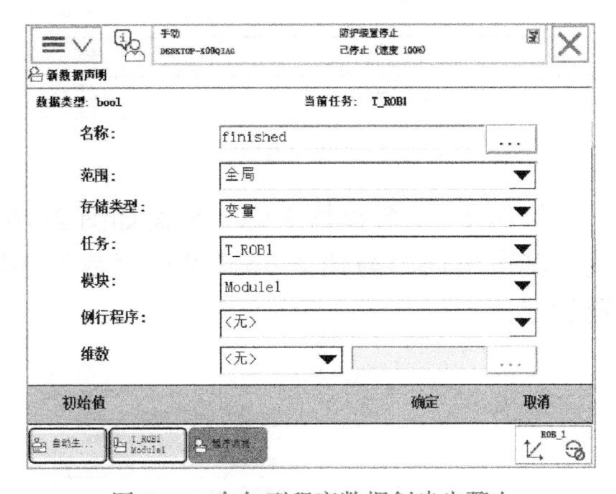

图 2-71　布尔型程序数据创建步骤十

第十一步：至此就完成了创建一个布尔型程序数据的操作，如图 2-72 所示。

3. 典型程序数据的创建——数值型数据创建

前面创建了一个布尔型程序数据，下面介绍数值型数据的创建方法与步骤：

第一步：在示教器的主菜单界面上，单击“程序数据”，如图 2-73 所示。

第二步：在图 2-74 所示的全部数据类型中，选中“num”。

第三步：单击“显示数据”按钮，出现如图 2-75 所示的界面，然后单击“新建”按钮，进入“新数据声明”界面。

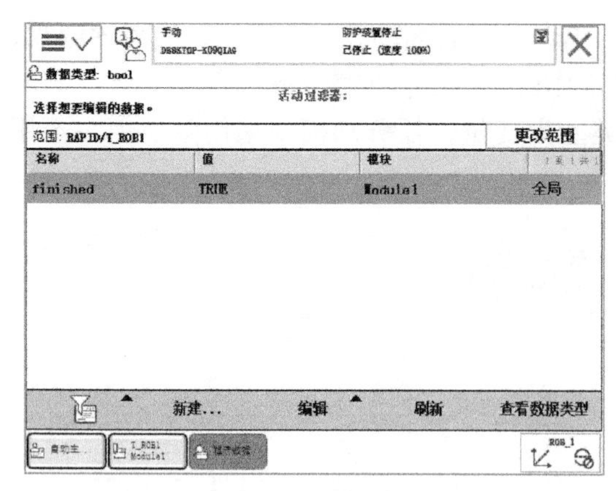

图 2-72　布尔型程序数据创建步骤十一

图 2-73　数值型程序数据创建步骤一

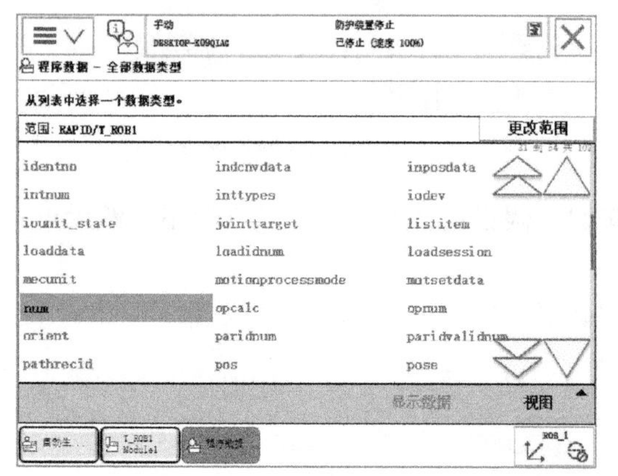

图 2-74　数值型程序数据创建步骤二

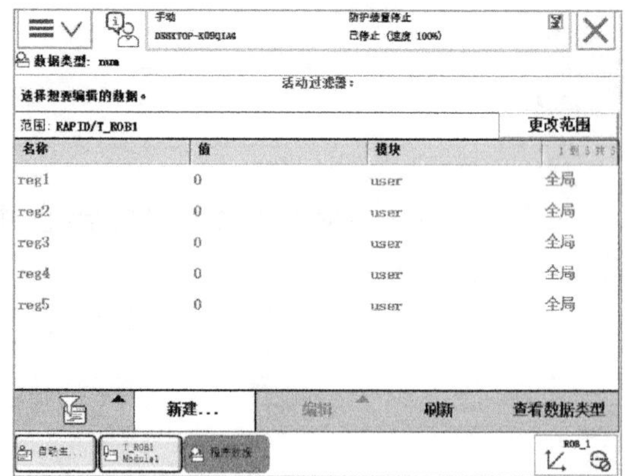

图 2-75　数值型程序数据创建步骤三

第四步："新数据声明"界面如图 2-76 所示，命名一个"reg6"的数值型程序数据，其声明内容与建立 bool 型程序数据相同，不同的是 num 程序数据的初始值要事前设定。

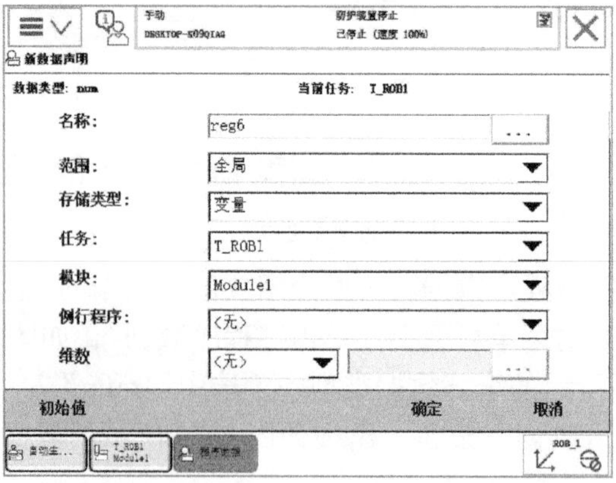

图 2-76　数值型程序数据创建步骤四

第五步：单击界面中的“初始值”按钮后，在对应的“值”的位置单击，可以根据程序需要输入初始值，例如输入“5”，然后单击“确定”按钮，初始值设定完毕，如图 2-77 所示。

第六步：在“新数据声明”界面继续单击“确定”按钮，完成程序数据的创建，如图 2-78 所示。

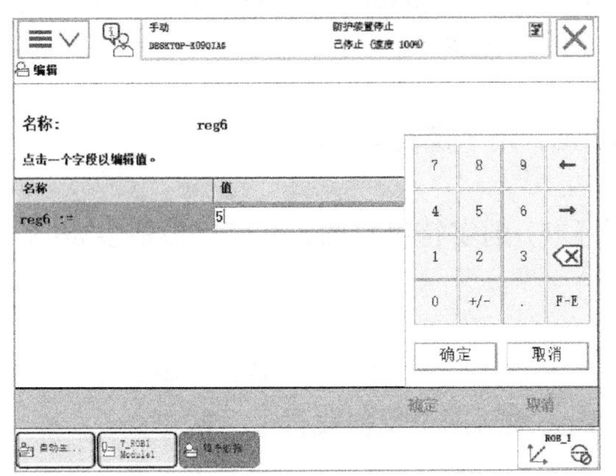

图 2-77　数值型程序数据创建步骤五

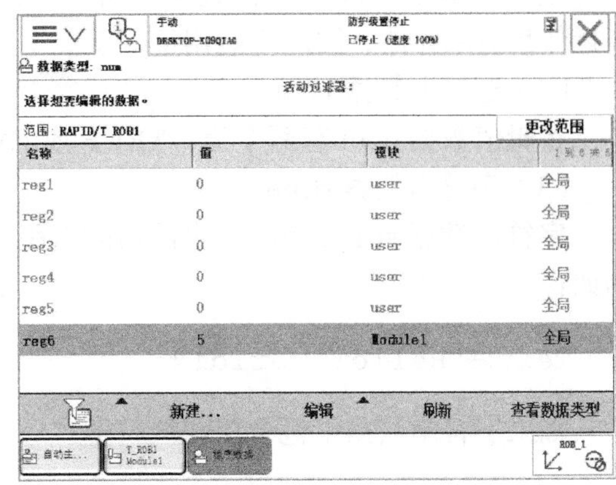

图 2-78　数值型程序数据创建步骤六

可以选中其他已声明的数据，然后单击“编辑”按钮，如图 2-79 所示，更改声明或者更改值。更改声明是对数据名称、范围、存储类型等进行更改，更改值将只对初始值进行更改，根据程序需要进行相应的操作。

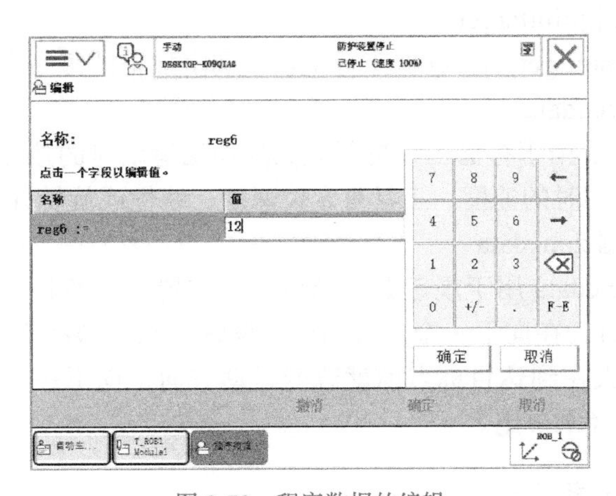

图 2-79　程序数据的编辑

三、常用程序数据介绍

根据不同的用途，可以定义不同的程序数据，ABB 工业机器人系统中常用的程序数据有数值数据 num、逻辑值数据 bool、字符串数据 string、位置数据 robtarget、关节位置数据 jointtarget、速度数据 speeddata 和转角区域数据 zonedata 等。

（1）数值数据 num

数值数据 num 用于存储数值型数据，例如计数器初值等。数值数据 num 可以为整数，可以为小数，也可以是指数形式的数值，例如：

```
Pai:=3.14
Count1:=9
Count2:=3.6E-2    !Count2=0.036
```

整数数值作为准确的整数来存储，其数值范围为 -8388607 ～ +8388608。小数数值以近似数值来存储，因此不能用于等于或不等于的对比运算。

（2）逻辑值数据 bool

逻辑值数据 bool 有两个值：TRUE 或 FALSE，用于逻辑运算。

（3）字符串数据 string

字符串数据 string 是由一串前后附有引号（""）的字符组成的，其字符数最多 80 个，例如：

```
Text:="Hello! World!"
```

如果字符串数据中包含反斜线符号“\”，则必须写两个反斜线符号，例如：

```
Text1:="Is this a character string?\\ Yes!"
```

（4）位置数据 robtarget

位置数据 robtarget 用于存储工业机器人和附加轴的位置数据。位置数据存有工业机器人和附加轴目标位置信息，如目标位置坐标、机器人姿态、轴和附加轴位置等。

（5）关节位置数据 jointtarget

关节位置数据 jointtarget 用于存储工业机器人和附加轴的每一个轴的角度位置信息。

（6）速度数据 speeddata

速度数据 speeddata 用于存储工业机器人和附加轴运动时的速度信息。这些信息包括工具中心点（TCP）移动时的速度、工具重定位速度、线性或旋转外轴移动时的速度。

（7）转角区域数据 zonedata

转角区域数据 zonedata 用于规定如何结束一个位置。有两种方法：一是停止，工业机器人运动到某一点时，在向下一个点移动前先停顿下来，即准确到达目标点后再移动；二是飞越，工业机器人在到达目标点前就改变运动方向，向下一个目标点移动，其间的“圆润度”由飞越的半径来决定。

四、三个关键程序数据

构建工业机器人编程环境，必须设定三个关键程序数据，工件坐标系数据 wobjdata、工具数据 tooldata 和有效载荷数据 loaddata。

（1）工件坐标系数据 wobjdata

工件坐标系对应工件，实际工作中的工件对象在形状、位置、参考方向等方面是千差万别的，为方便加工编程，往往要根据具体工件来设定对应的工件坐标系。工件坐标数据 wobjdata 就是用来定义工件相对于大地坐标（或其他坐标系）位置的。对工业机器人进行编程，就是根据不同的工件，建立不同的工件坐标系来创建目标或路径。工件坐标系

标定方法见模块一单元三。

（2）工具数据 tooldata

不同的工业机器人应用需要配置不同的工具，如焊枪、吸盘、夹爪等。工具数据 tooldata 用于描述安装在工业机器人第六轴法兰上工具的 TCP（tool center point）、质量、重心等参数数据。工业机器人默认的工具坐标是 tool0，其工具中心点（TCP）位于第六轴法兰中心处，安装或更换新工具，一般都要重新设定工具坐标系。工具数据标定可参考模块一单元三。

（3）有效载荷数据 loaddata

有效载荷数据 loaddata 用于定义工业机器人的有效负载或抓取物的负载。如果工业机器人是用于搬运作业，就需要设置有效载荷数据 loaddata，因为对于搬运机器人，手臂承受的重量是不断变化的，所以不仅要正确设定夹具的质量和重心数据 tooldata，还要设置搬运对象的质量和重心数据 loaddata。有效载荷数据 loaddata 就是用来记录搬运对象的质量、重心数据的。如果工业机器人不用于搬运作业，则 loaddata 设置就是默认的 load0。

下面介绍有效载荷数据 loaddata 的设定方法。

假定搬运物品的重量为 5kg，其重心相对于工具坐标偏移 x=50mm，y=0mm，z=100mm，沿 x、y、z 各轴无旋转动作，新的有效载荷数据命名为 load_1。

第一步：单击 ABB 菜单→“手动操纵”→“有效载荷”，如图 2-80 所示。

第二步：双击“有效载荷”，在出现的界面中新建一个有效载荷“load_1”，如图 2-81 所示。

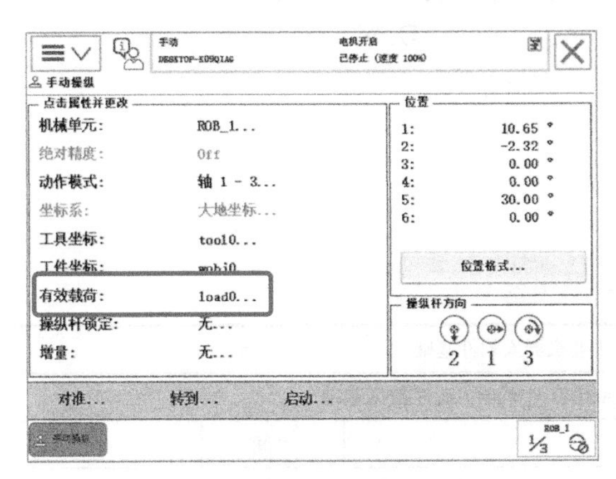

图 2-80　有效载荷数据设定步骤一

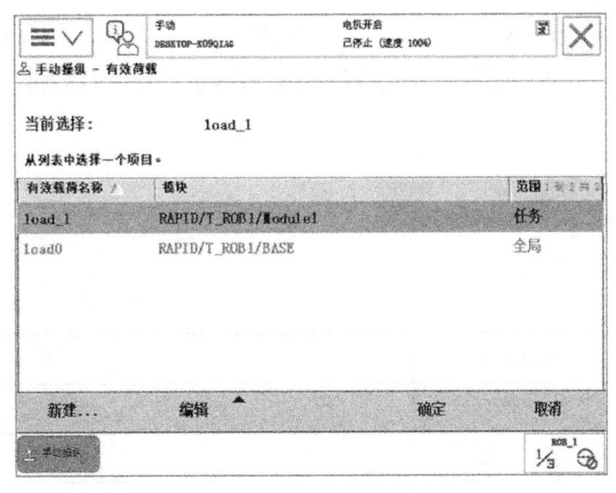

图 2-81　有效载荷数据设定步骤二

第三步：选中有效载荷“load_1”，单击“编辑”→“修改值”，将“mass”修改为“5”，将“x”“y”“z”的值分别修改为“50”“0”“100”，其他的值暂时不动，如图 2-82 所示。

单击所有的“确定”按钮，回到主菜单界面，至此，一个名称为“load_1”的有效载荷数据就设定好了。

在实际工作中，只有在抓取物品的过程中才会用到有效载荷数据 loaddata，所以在相应的程序中要通过 GripLoad 指令来实现有效载荷间的转换，如图 2-83 所示。

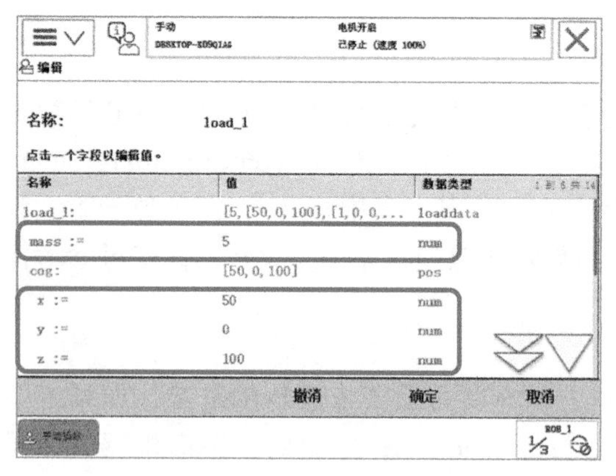

图 2-82　有效载荷数据设定步骤三

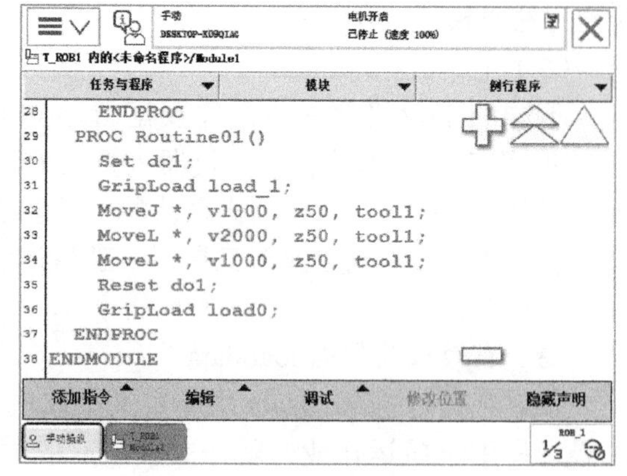

图 2-83　有效载荷数据间的转换

练一练

1.（单项选择题）采用三点法标定的程序数据是（　　）。

A. 工具程序数据　　　　B. 工件坐标系数据

C. 有效载荷数据

2.（单项选择题）有效载荷程序数据中 mass 参数的单位是（　　）。

A. g　　B. kg　　C. mm　　D. cm

3.（多项选择题）设置有效载荷程序数据中的 cog 参数时，要设置（　　）。

A. x　　B. y　　C. z　　D. %

4. 简述转弯半径参数 z0 与 fine 的区别。

任务单（表 2-14）

表 2-14　单元学习任务单

学习领域	工业机器人软件基础		
学习单元	单元三　ABB 工业机器人程序数据基础		
组　　员		时间	
任　　务	创建与编辑有效载荷程序数据		
任务要求	1. 查阅有效载荷程序数据 loaddata 的相关资料，理解设定方法与内容； 2. 掌握创建、编辑有效载荷程序数据 loaddata 的技能； 3. 掌握在 Rapid 程序中实现有效载荷程序数据 loaddata 转换调整的技能		
任务实施记录（小组共同策划部分）			
任务调研	1. 确认小组成员分工，明确各自的工作任务； 2. 查阅有效载荷程序数据 loaddata 的相关资料，了解其参数设定内容		
需要资料准备	课件、教材、网上学习平台、仿真实训室		
知识与技能要点	根据典型工具特征，正确设定有效载荷程序数据 loaddata		

（续）

小组实施效果记录	整体效果： 满意之处： 待改进之处：
任务实施记录（个人实施过程与效果分析）	
个人任务描述	
个人实施过程与效果分析	
自我评价	满意之处： 待改进之处：

赛一赛

某工程应用中工业机器人使用的夹爪工具如图 2-84 所示。

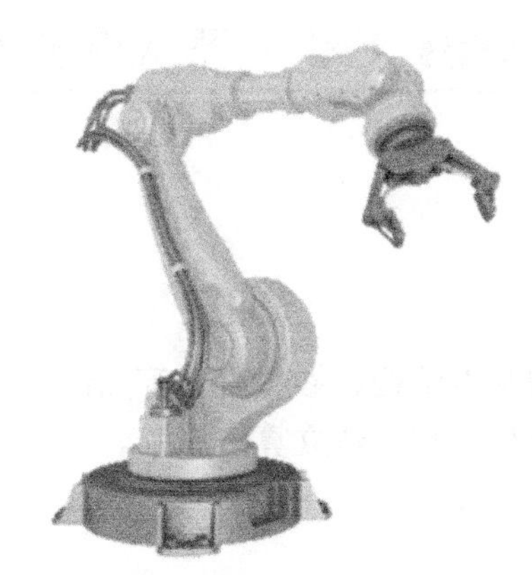

图 2-84　工程应用中的机器人

其夹爪工具的参数如下：

1）重量：2.5kg。

2）重心：x=0mm，y=0mm，z=75mm。

3）转动惯量：i_x=0kg/m^2，i_y=0kg/m^2，i_z=1kg/m^2。

4）其他参数采用默认值。

要求：

1）创建一个新的有效载荷程序数据 load_5。

2）按以上参数正确标定有效载荷程序数据 load_5。

3）编程实现有效载荷数据的转换。

评分标准见表 2-15。

表 2-15　赛一赛评分标准（满分：20 分）

序号	评分项	权重	评分结果	得分	备注
操作完成情况					
1	完成时间（10min 内完成）	4	是　否		
2	有效载荷数据创建命名	2	是　否		
3	有效载荷数据 mass 参数修改	2	是　否		
4	有效载荷数据 cog 参数修改	1	是　否		
5	有效载荷数据 aom 参数修改	1	是　否		
6	仿真工程应用编程	4	是　否		
素养与安全					
7	遵守劳动纪律	2	是　否		
8	独立自主完成任务	2	是　否		
9	文明安全操作	2	是　否		
总得分					

单元四　ABB 工业机器人常用指令应用

知识与技能

1. 理解赋值等实用指令的基本结构、参数含义等知识；
2. 进一步学习程序编制方法，初步建立算法思维。

过程与方法

1. 全面掌握运动控制指令，以实现典型工业机器人应用功能；
2. 运用相关指令，初步掌握与外部设备间的通信方法；
3. 通过对逻辑判断等指令的学习，初步建立编程思维。

情感与态度

1. 进一步培养自主学习专业知识的能力；
2. 进一步培养工程素养。

ABB 工业机器人系统提供了丰富的 Rapid 指令，可以用来解决各种工程应用问题。规范而丰富的指令集，不仅提供了解决方案的多种可能性，方便初学者入门，同时还可满足复杂工程应用的需要。下面介绍常用指令的应用方法。

一、赋值指令

给程序数据赋初值是编写程序的首要工作。

“:=”赋值指令用于对程序数据进行赋值。赋值可以是一个常量或数学表达式。下面就添加一个常量赋值和数学表达式赋值来说明此指令的使用。

（1）添加常量赋值指令的操作

添加常量赋值指令

常量赋值：`reg1:=5`

第一步：在指令列表中选择“:=”，如图 2-85 所示。

第二步：单击“更改数据类型”，选择 num 数字型数据，如图 2-86 所示。

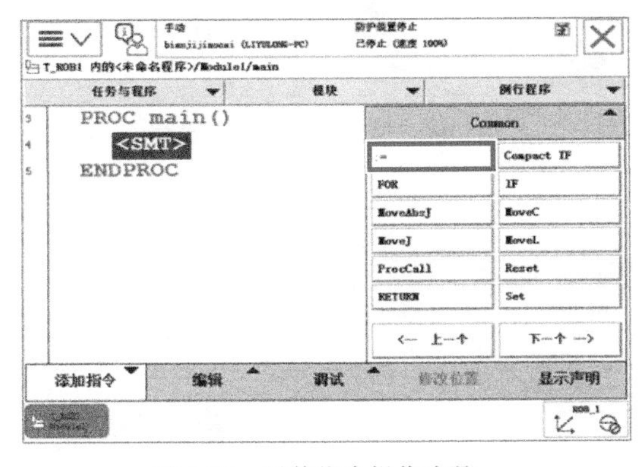

图 2-85　赋值指令操作步骤一

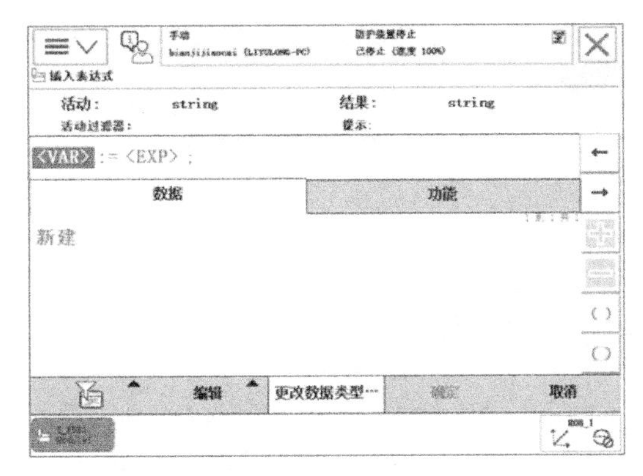

图 2-86　赋值指令操作步骤二

第三步：在列表中找到“num”并选中，然后单击“确定”按钮，如图 2-87 所示。

第四步：选中“reg1”，如图 2-88 所示。

第五步：选中“<EXP>”，显示为蓝色高亮，如图 2-89 所示。

第六步：打开“编辑”菜单，选择“仅限选定内容”，如图 2-90 所示。

第七步：通过软键盘输入数字“5”，然后单击“确定”按钮，如图 2-91 所示。

第八步：核对赋值指令，单击“确定”按钮，如图 2-92 所示。

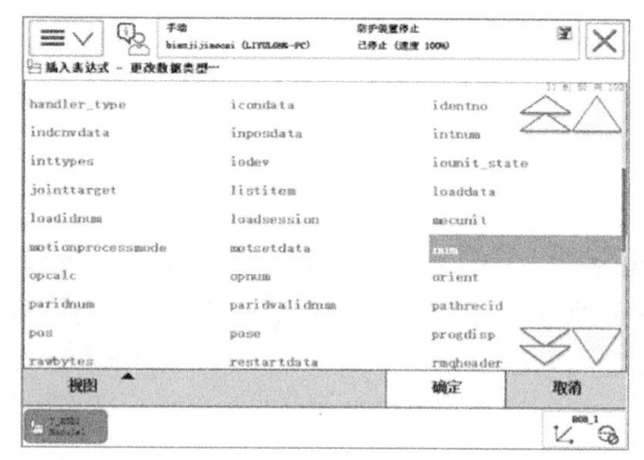

图 2-87　赋值指令操作步骤三

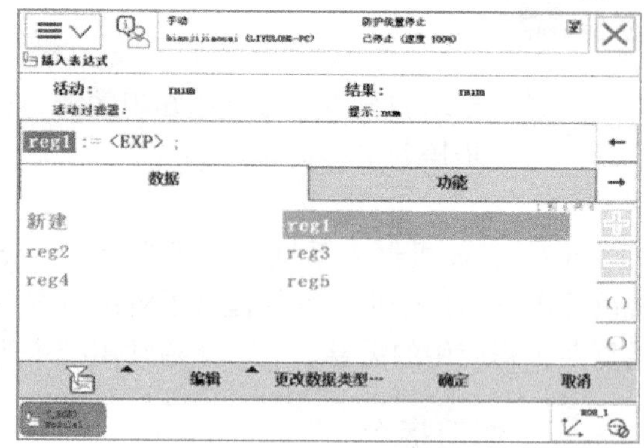

图 2-88　赋值指令操作步骤四

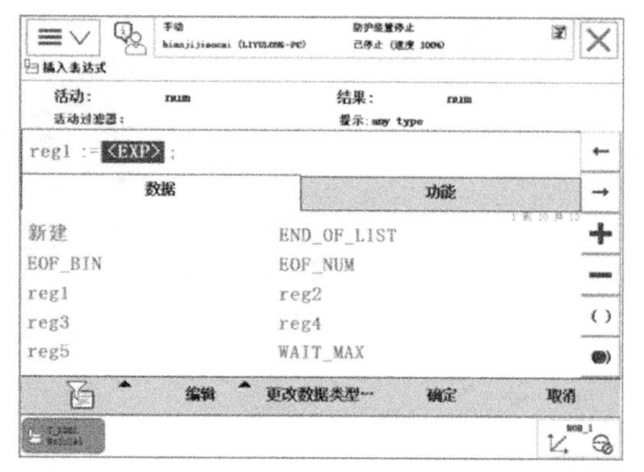

图 2-89　赋值指令操作步骤五

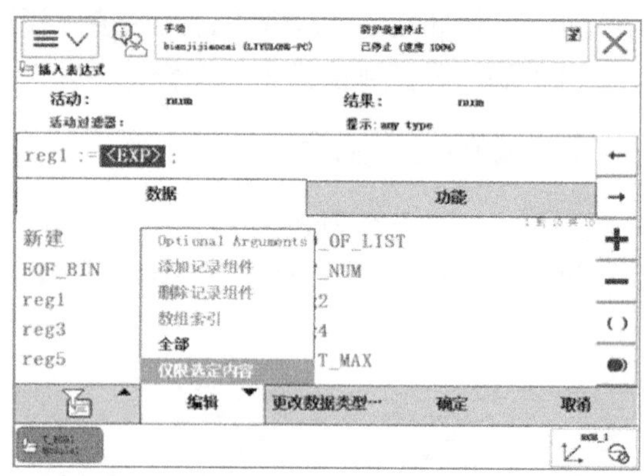

图 2-90　赋值指令操作步骤六

图 2-91　赋值指令操作步骤七

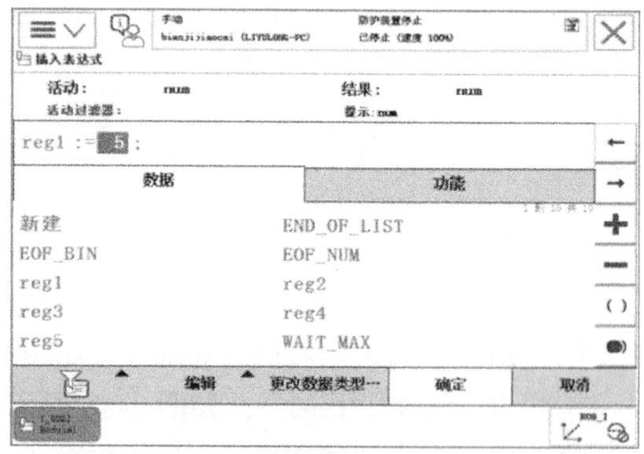

图 2-92　赋值指令操作步骤八

第九步：在程序编辑窗口中能看见所增加的指令，如图 2-93 所示。

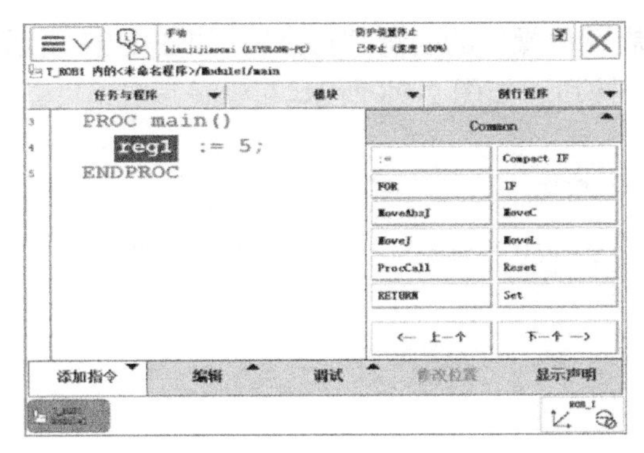

图 2-93　赋值指令操作步骤九

添加带数学表达式的赋值指令操作

（2）添加数学表达式的赋值指令的操作

数学表达式赋值：reg2:=reg1+4

第一步：在指令列表中选择“:=”，如图 2-94 所示。
第二步：选中“reg2”，如图 2-95 所示。

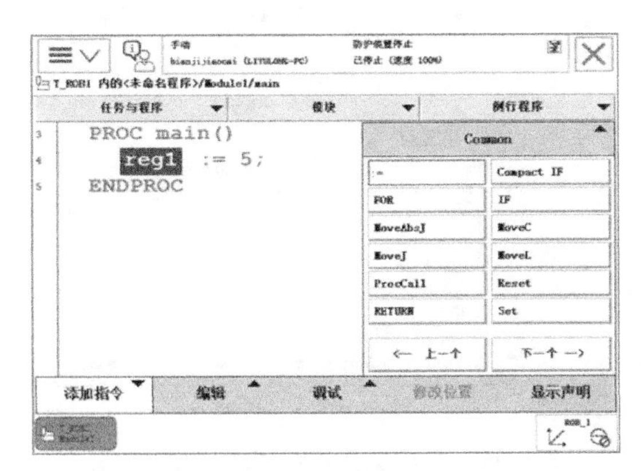

图 2-94　数学表达式赋值指令操作步骤一

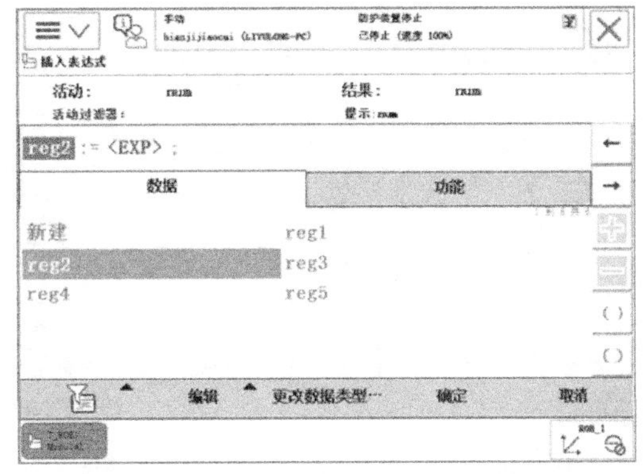

图 2-95　数学表达式赋值指令操作步骤二

第三步：选中“<EXP>”，显示为蓝色高亮，如图 2-96 所示。

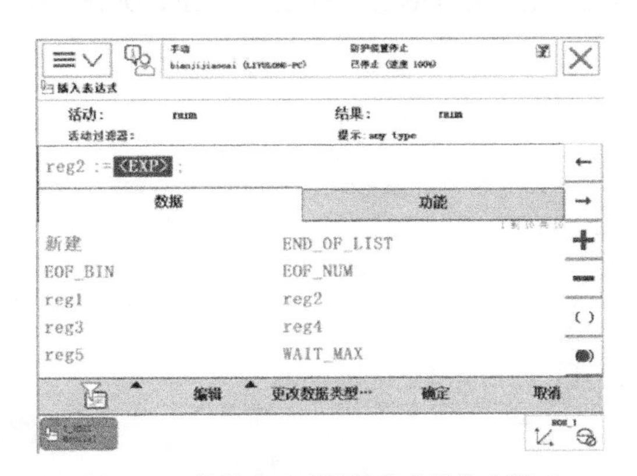

图 2-96　数学表达式赋值指令操作步骤三

第四步：选中要开展赋值操作的变量“reg1”，如图 2-97 所示。

第五步：单击“+”按钮，如图 2-98 所示。

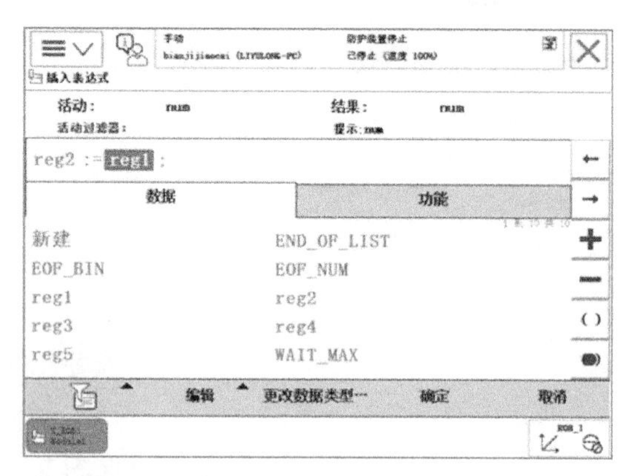

图 2-97 数学表达式赋值指令操作步骤四

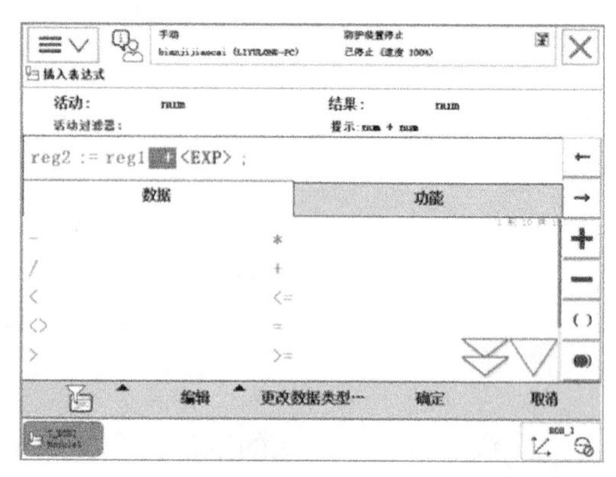

图 2-98 数学表达式赋值指令操作步骤五

第六步：再次选中“<EXP>”，使其显示为蓝色高亮，如图 2-99 所示。

第七步：打开“编辑”菜单，选择“仅限选定内容”，如图 2-100 所示。

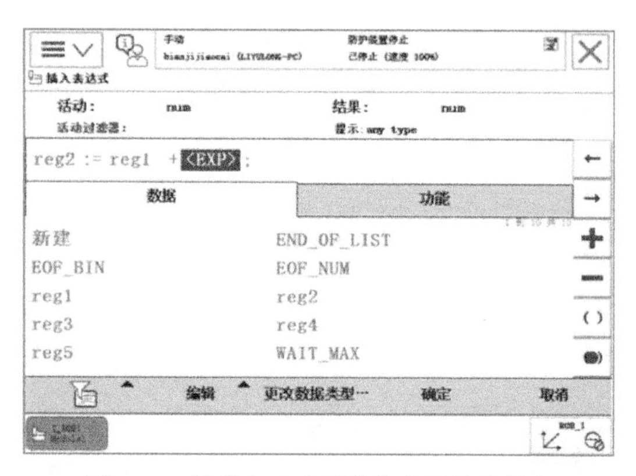

图 2-99 数学表达式赋值指令操作步骤六

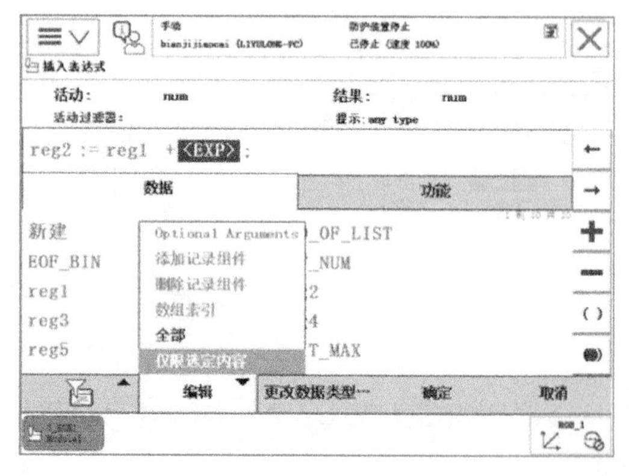

图 2-100 数学表达式赋值指令操作步骤七

第八步：通过软键盘输入数字“4”，然后单击“确定”按钮，如图 2-101 所示。

第九步：检查核对表达式无误后单击“确定”按钮，如图 2-102 所示。

图 2-101 数学表达式赋值指令操作步骤八

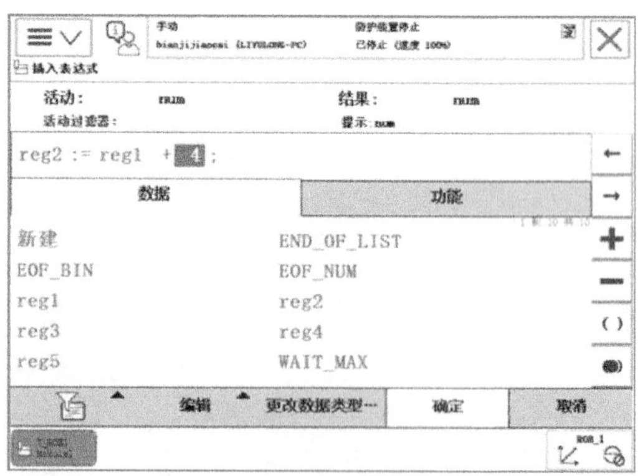

图 2-102 数学表达式赋值指令操作步骤九

第十步：在弹出的对话框中单击“下方”按钮，如图 2-103 所示。

第十一步：添加指令成功，如图 2-104 所示。

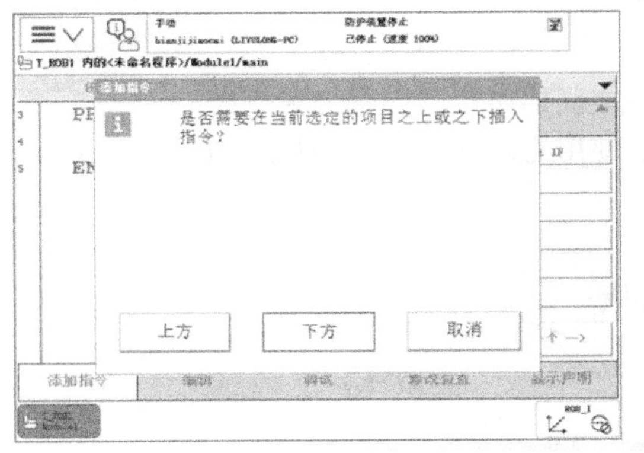

图 2-103　数学表达式赋值指令操作步骤十

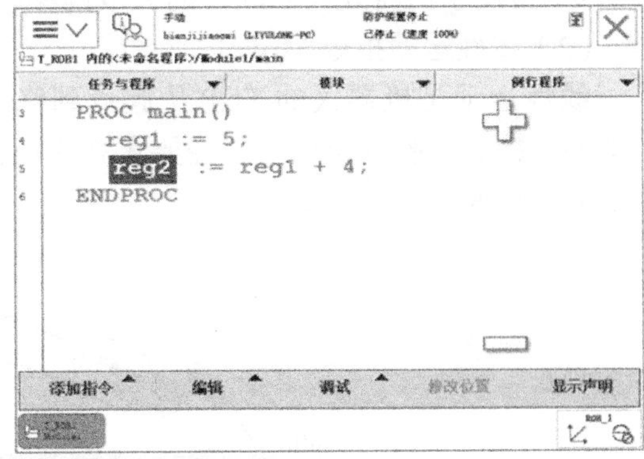

图 2-104　数学表达式赋值指令操作步骤十一

二、运动指令

工业机器人在空间中进行运动主要有四种方式，即关节运动（MoveJ）、线性运动（MoveL）、圆弧运动（MoveC）和绝对位置运动（MoveAbsJ）。此外，接下来会再介绍一个目标点位置偏移指令（Offs），以实现标准圆运动轨迹。

（1）关节运动指令 MoveJ

关节运动指令是在对路径精度要求不高的情况下，机器人的工具中心点（TCP）从一个位置移动到另一个位置，两个位置之间的路径不一定是直线。关节运动示意如图 2-105 所示。

如图 2-106 所示，在程序体中添加两条“MoveJ”指令。

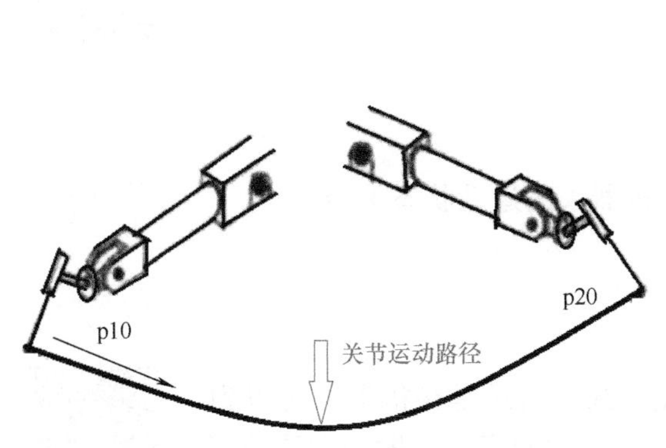

图 2-105　关节运动路径

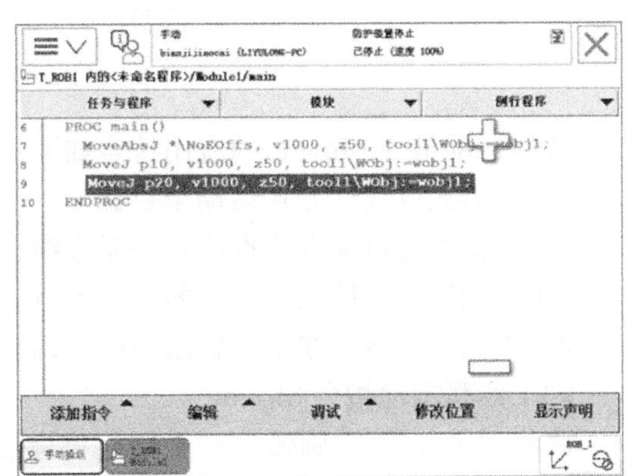

图 2-106　MoveJ 指令示例

关节运动指令适合机器人大范围运动时使用，这样不容易在运动过程中出现关节轴进入机械死点的问题。

关节运动指令 MoveJ 的应用特点如下：

1）机器人以最快捷的方式运动至目标点。

2）机器人的运动状态不完全可控。

3）运动路径保持唯一。

4）常用于机器人在空间中的大范围移动。

（2）线性运动指令 MoveL

添加线性运动指令 MoveL 指令操作

线性运动是机器人的 TCP 从起点到终点之间的路径始终保持为直线。一般如焊接、涂胶等应用对路径要求高的场合使用此指令。线性运动示意如图 2-107 所示。

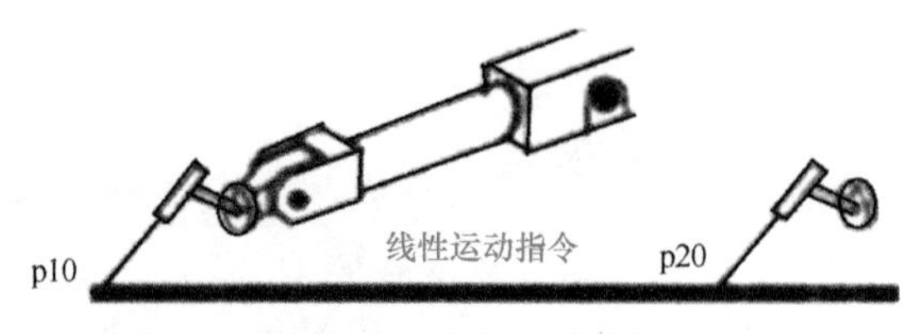

图 2-107　线性运动路径

如图 2-108 所示，在程序体中添加两条“MoveL”指令。

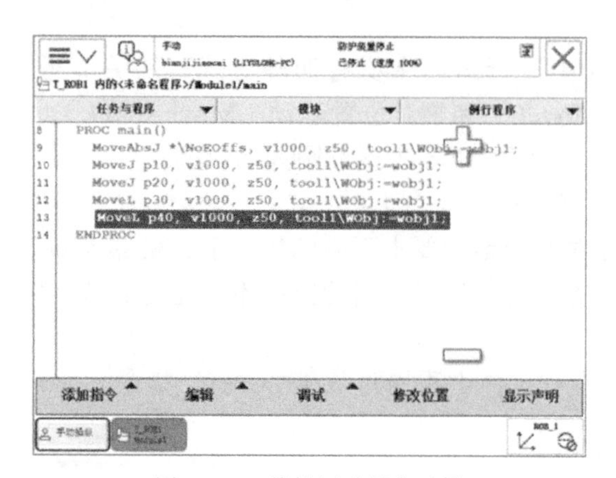

图 2-108　线性运动指令示例

关节运动指令 MoveJ 和线性运动指令 MoveL 的特性分析

线性运动指令 MoveL 的应用特点如下：

1）机器人以线性方式运动至目标点。

2）当前点与目标点两点决定一条直线，机器人的运动状态可控。

3）运动路径保持唯一，可能出现死点。

4）常用于机器人在工作状态中的移动。

（3）圆弧运动指令 MoveC

添加圆弧运动指令 MoveC 指令操作

将机器人 TCP 沿圆弧运动至给定目标点。圆弧路径是在机器人可以到达的空间范围内定义三个位置点，第一个点是圆弧的起点，一般为默认的当前点；第二个点用于确定圆弧的曲率；第三个点是圆弧的终点。典型的圆弧指令如下所示：

```
MoveC p30, p40, v1000, z1, tool1\Wobj:=wobj1;
```

圆弧运动路径如图 2-109 所示。

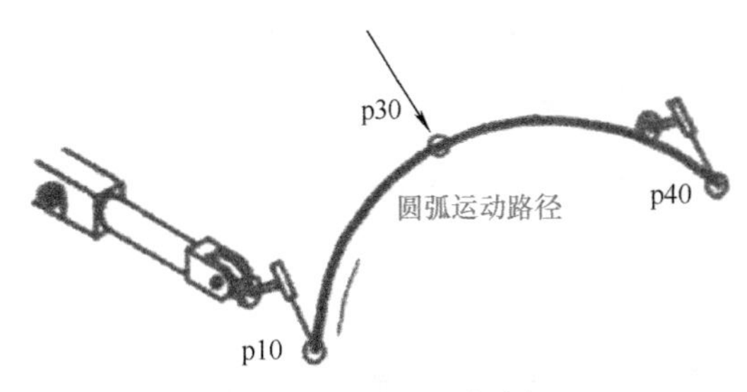

图 2-109　圆弧运动路径

圆弧运动指令 MoveC 的应用特点如下：

1）机器人通过中心点以圆弧移动方式运动至目标点。

2）当前点、中间点与目标点三点决定一段圆弧，机器人的运动状态可控。

3）常用于机器人在工作状态中的移动。

4）限制：MoveC 指令运动的最大角度为 240° ，所以不可能通过一个 MoveC 指令完成一个圆的运动轨迹。

（4）绝对位置运动指令 MoveAbsJ

绝对位置运动指令是机器人的运动使用六个轴和外轴的角度值来定义目标位置数据。MoveAbsJ 指令常用于机器人六个轴回到机械原点的操作。

鉴于绝对位置运动指令 MoveAbsJ 的特点，下面介绍添加 MoveAbsJ 指令操作的具体步骤。

第一步：选择“手动操纵”选项，如图 2-110 所示。

第二步：确定已选定工具坐标与工件坐标（注意：当再次添加或修改机器人的运动指令之前，一定要重新确认所使用的工具坐标和工件坐标），如图 2-111 所示。

图 2-110　MoveAbsJ 指令操作步骤一

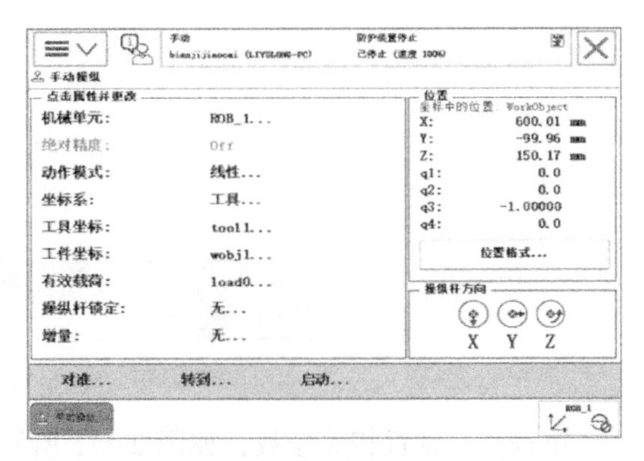

图 2-111　MoveAbsJ 指令操作步骤二

第三步：选中“<SMT>”，如图 2-112 所示。

第四步：单击“添加指令”下拉菜单按钮，出现“Common”菜单，如图 2-113 所示。

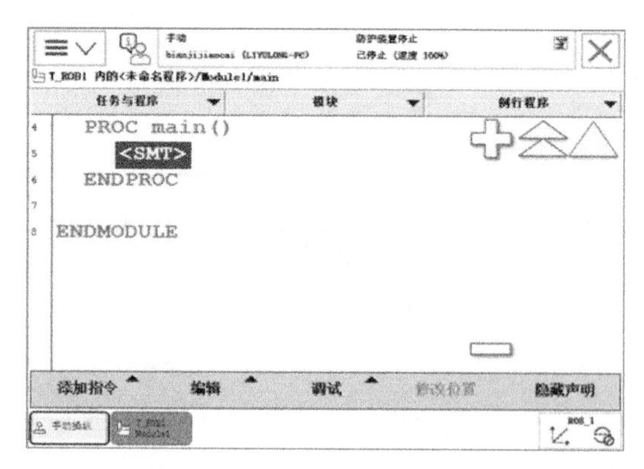

图 2-112　MoveAbsJ 指令操作步骤三

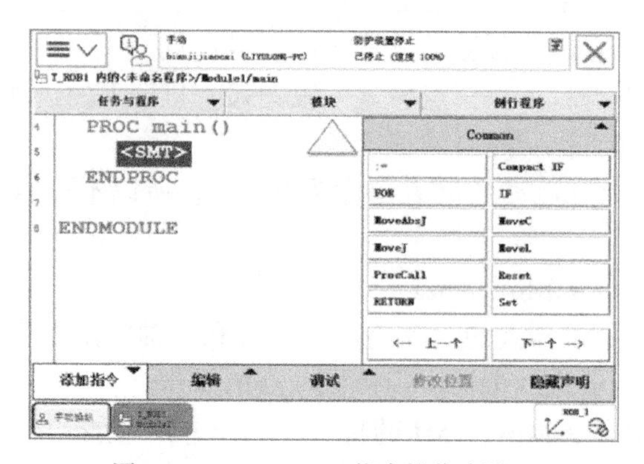

图 2-113　MoveAbsJ 指令操作步骤四

第五步：选择“MoveAbsJ”指令，如图 2-114 所示。

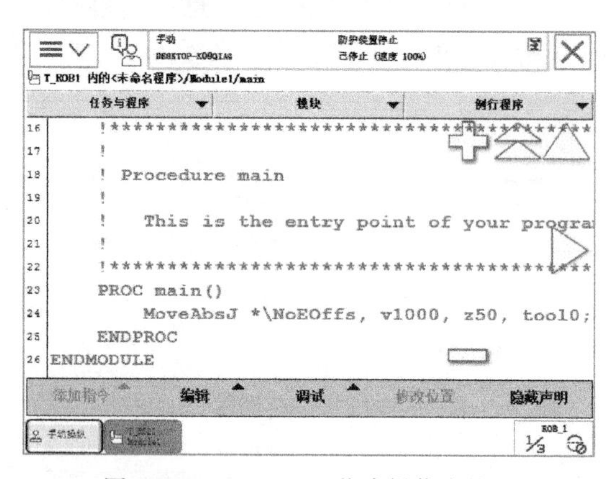

图 2-114　MoveAbsJ 指令操作步骤五

第六步：设置相关参数，如图 2-115 所示。

单击“ * ”点位，出现其参数设置界面，默认六个轴的角度值分别为“0，0，0，0，30，0”，即除第五轴为 30° 角外，其他各轴的位置均为 0，可按要求设置机器人初始位置各轴的旋转角度。

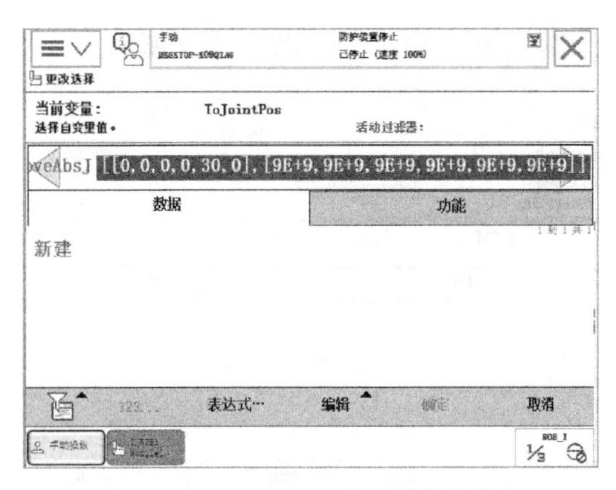

图 2-115　MoveAbsJ 指令操作步骤六

绝对位置运动指令 MoveAbsJ 的应用特点如下：

1）机器人以单轴运行的方式运动至目标点。

2）绝对不存在死点，运动状态完全不可控。

3）避免在正常生产中使用此指令。

4）常用于检查机器人零点位置，指令中 TCP 与 Wobj 只与运行速度有关，与运动位置无关。

（5）目标点位置偏移指令 Offs

目标点位置偏移指令 Offs 是 ABB 机器人中对位置信息进行处理的指令之一。其指令的结构为：

```
Offs (p, x, y, z)
```

其中，p 为当前点，而 x 为目标点相对于 X 轴的偏差量，y 为目标点相对于 Y 轴的偏差量，z 为目标点相对于 Z 轴的偏差量。

添加 Offs 指令的操作示例步骤如下。

第一步：选择在例行程序中需要添加 Offs 运动指令的位置，如图 2-116 所示。

添加 Offs 指令操作

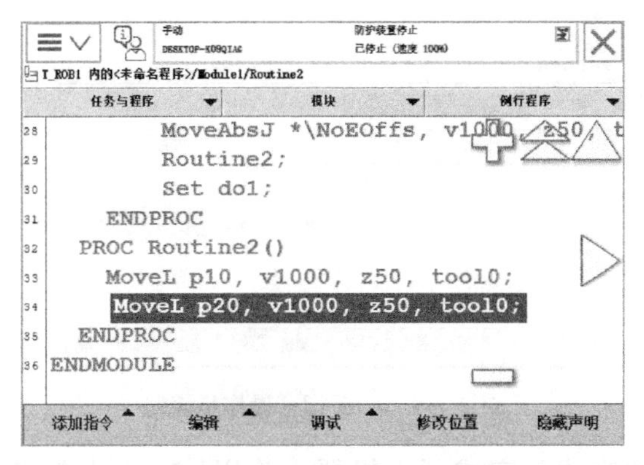

图 2-116　Offs 指令操作步骤一

第二步：假设目标点偏移 p20 的坐标值为（50，50，0），双击“p20”，在改变当前值对话框中选中“功能”，再选中“Offs”，如图 2-117 所示。

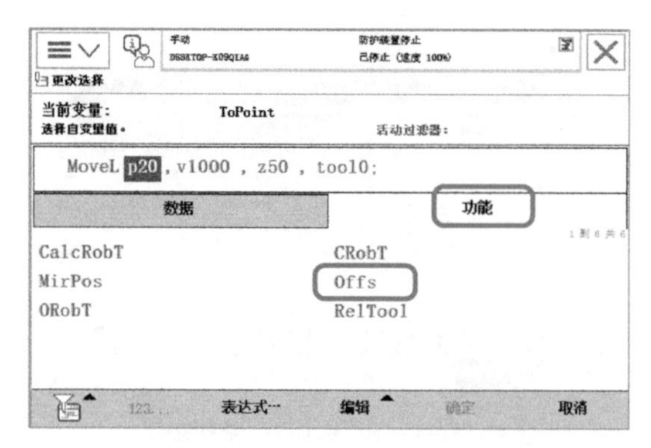

图 2-117　Offs 指令操作步骤二

第三步：在左侧第一个“<EXP>”处选中“p20”，在第二、三、四个“<EXP>”处单击“编辑”→“仅限选定内容”，分别输入 50、50、0，最后单击“确定”按钮，如图 2-118 所示。

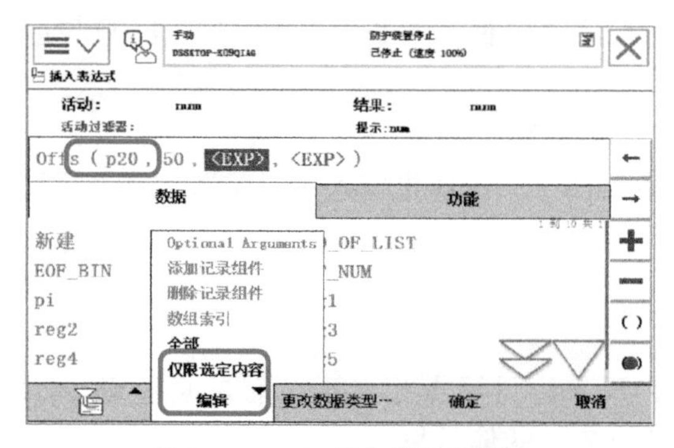

图 2-118　Offs 指令操作步骤三

第四步：在“更改选择”对话框中单击“确定”按钮，如图 2-119 所示。

图 2-119　Offs 指令操作步骤四

至此，Offs 指令的修改就完成了。机器人将以 p20 点为起点，在 X 轴、Y 轴方向分别偏移 50mm，而在 Z 轴方向不发生偏移。

运动指令的使用示例

三、I/O 控制指令

I/O 控制指令用于控制 I/O 信号，以达到与工业机器人周边设备进行通信的目的。

添加 Set 与 Reset 指令操作

（1）数字信号置位指令 Set

数字信号置位指令 Set 用于将数字输出（digital output）置位为“1”，如图 2-120 所示。指令解析见表 2-16。

图 2-120　数字信号置位指令 Set

表 2-16　Set do1 指令解析

参数	含义
do1	数字输出信号

（2）数字信号复位指令 Reset

数字信号复位指令 Reset 用于将数字输出（digital output）置位为“0”，如图 2-121 所示。

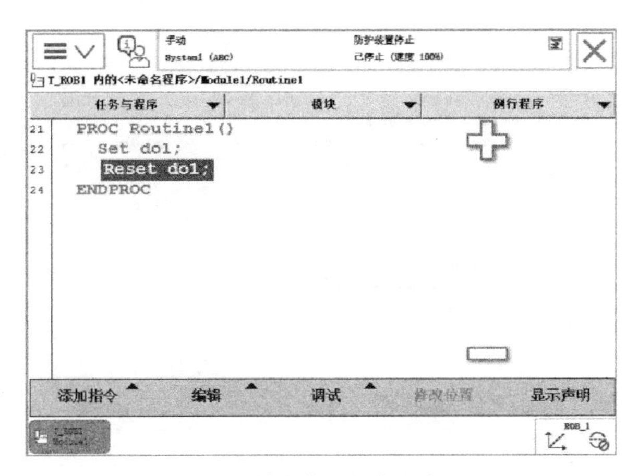

图 2-121　数字信号复位指令 Reset

注意： 如果在 Set、Reset 指令前有运动指令 MoveL、MoveJ、MoveC、MoveAbsJ 的转弯区数据，则必须使用 fine 才可以准确地输出 I/O 信号状态的变化。

（3）数字输入信号判断指令 WaitDI

数字输入信号判断指令 WaitDI 用于判断数字输入信号的值是否与目标一致，如图 2-122 所示。指令解析见表 2-17。

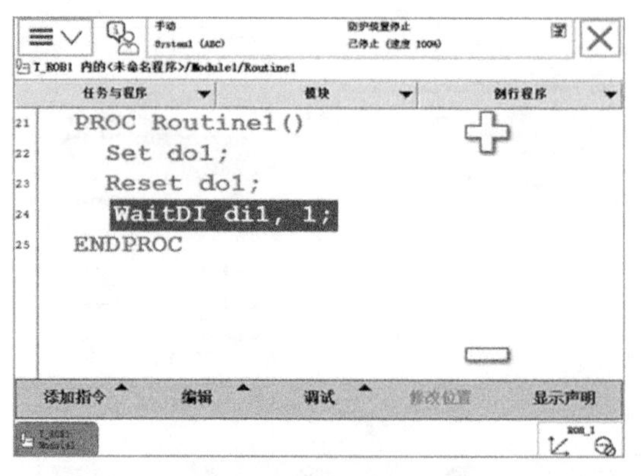

图 2-122　数字输入信号判断指令 WaitDI

表 2-17　数字输入信号判断指令 WaitDI 解析

参数	含义
di1	数字输入信号
1	判断的目标值

在程序执行此指令时，等待 di1 的值为 1。如果 di1 为 1，则程序继续往下执行；如果达到最大等待时间 300s 以后，di1 的值还不为 1，则机器人报警或进入出错处理程序。

（4）数字输出信号判断指令 WaitDO

数字输出信号判断指令 WaitDO 用于判断数字输出信号的值是否与目标一致，如图 2-123 所示。

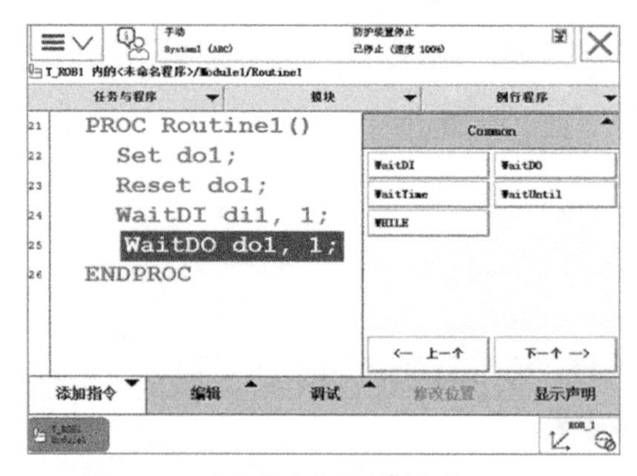

图 2-123　数字输出信号判断指令 WaitDO

在程序执行此指令时，等待 do1 的值为 1。如果 do1 为 1，则程序继续往下执行；如果达到最大等待时间 300s 以后，do1 的值还不为 1，则机器人报警或进入出错处理程序。

（5）时间等待指令 WaitTime

时间等待指令 WaitTime 用于程序在等待一个指定的时间以后，再继续向下执行，单位为 s，如图 2-124 所示。

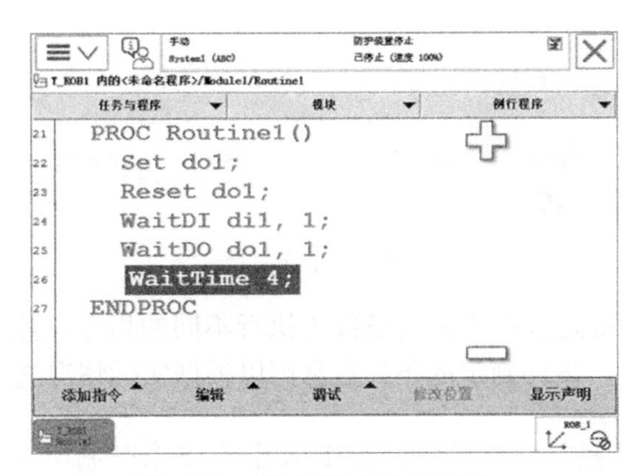

图 2-124　时间等待指令 WaitTime

四、条件逻辑判断指令

（1）紧凑型条件判断指令 Compact IF

如图 2-125 所示，如果 flag1 的状态为 TRUE，则 do1 被置位为 1。

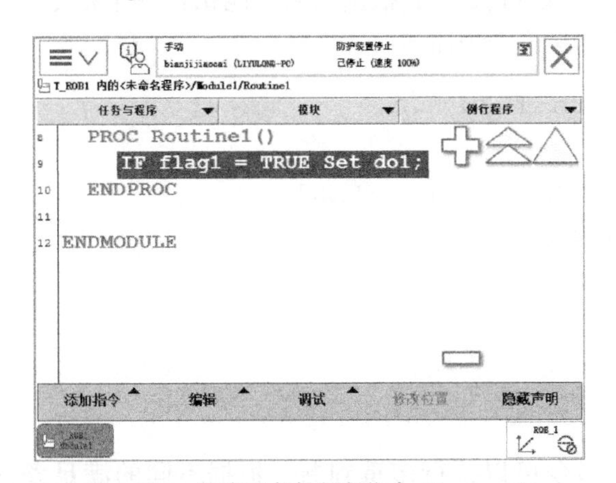

图 2-125　紧凑型条件判断指令 Compact IF

紧凑型条件判断指令 Compact IF 用于当一个条件满足了以后，就执行一句指令。

（2）IF 条件判断指令

如果 num1 为 1，则 flag1 会被赋值为 TRUE；如果 num1 为 2，则 flag1 会被赋值为 FALSE，如图 2-126 所示。

添加 IF 条件判断指令操作

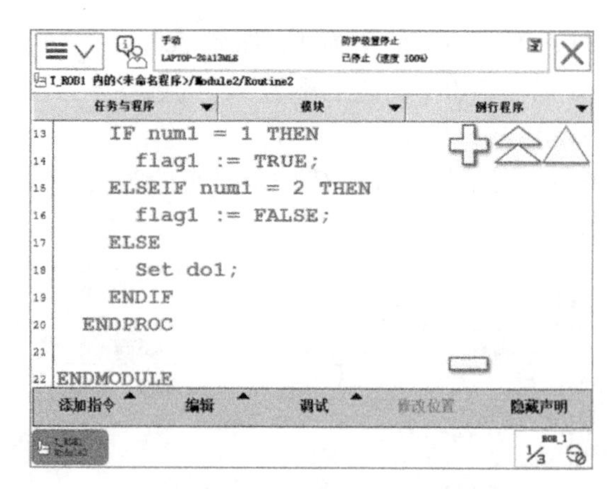

图 2-126　IF 条件判断指令

IF 条件判断指令，就是根据不同的条件去执行不同的指令。除了以上两种条件之外，则执行置位指令 Set do1。条件判定的条件数量可以根据实际情况进行增加与减少。

注意：紧凑型条件判断指令 Compact IF 与普通 IF 条件判断指令是有区别的，最直观的区别是两者的语法表述不同。

紧凑型条件判断指令 Compact IF 的语法描述：

```
IF Condition [ 指令 ]
```

紧凑型条件判断指令 Compact IF 根据判断只能执行一个指令。

普通 IF 条件判断指令的语法描述：

```
IF Condition THEN
    [ 指令 1]
    [ELSEIF Condition THEN]
        [ 指令 2]
    ……
[ELSE DO]
    [ 指令 N]
ENDIF
```

普通 IF 条件判断指令可以执行多重判断，根据不同的满足条件，执行相应的指令，可以实现跳转和嵌套等功能。

（3）重复执行判断指令 FOR

重复执行判断指令 FOR 适用于一个或多个指令需要重复执行数次的情况。

如图 2-127 所示为将程序 main 重复执行 10 次。

（4）条件判断指令 WHILE

WHILE 条件判断指令用于在给定条件满足的情况下，一直重复执行对应的指令。例如，当 num1 > num2 条件满足的情况下，就一直执行 num1:=num1–1 操作，如图 2-128 所示。

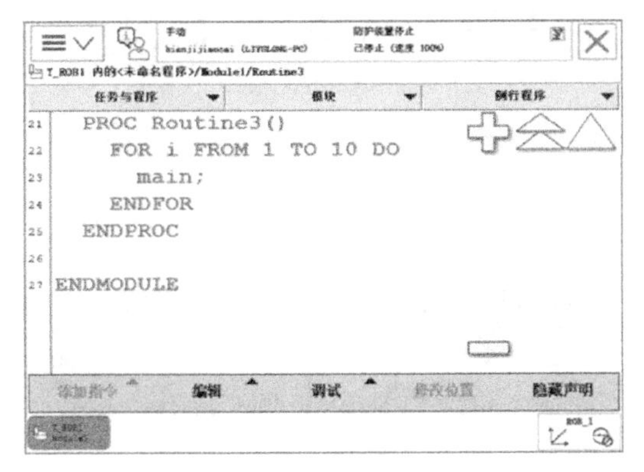

图 2-127　重复执行判断指令 FOR

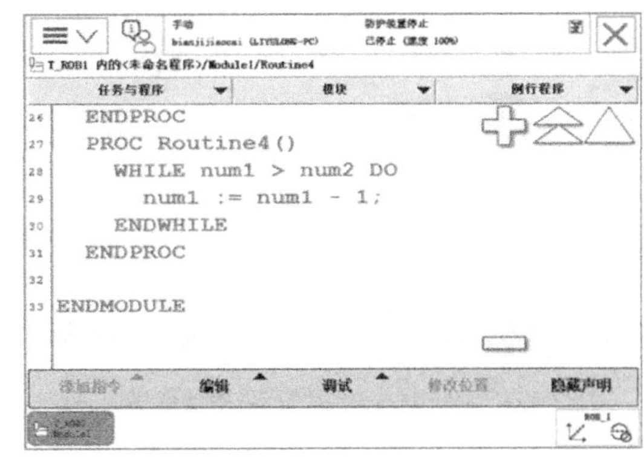

图 2-128　条件判断指令 WHILE

五、其他常用指令

（1）ProcCall 调用例行程序指令

通过此指令在指定位置调用某一例行程序。其具体的操作步骤如下。

第一步：选中“<SMT>”为要调用例行程序的位置，并在添加指令列表选择“ProcCall”命令，如图 2-129 所示。

第二步：选中要调用的例行程序，然后单击“确定”按钮，如图 2-130 所示。

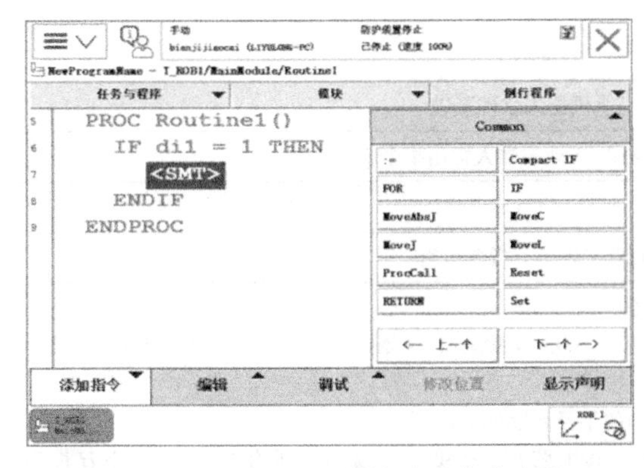

图 2-129　ProcCall 调用例行程序指令步骤一

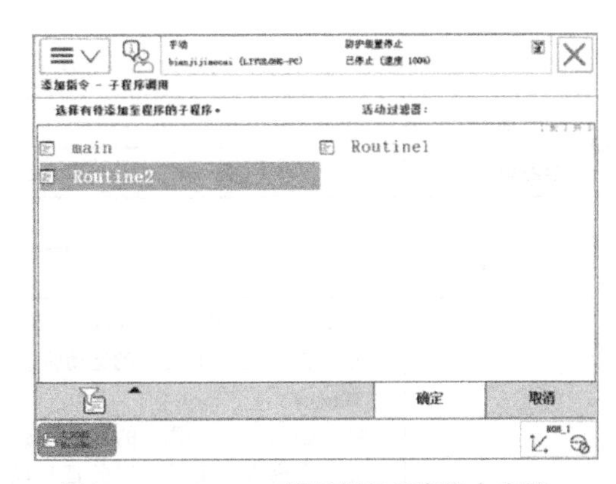

图 2-130　ProcCall 调用例行程序指令步骤二

第三步：调用例行程序完毕，如图 2-131 所示。

（2）RETURN 返回例行程序指令

例如当 di1=1 时，执行 RETURN 指令，程序指针返回到调用 Routine2 的位置，并继续向下执行 Set do1 指令，如图 2-132 所示。

当此指令被执行时，则马上结束本例行程序的执行，返回程序指针到调用此例行程序的位置。

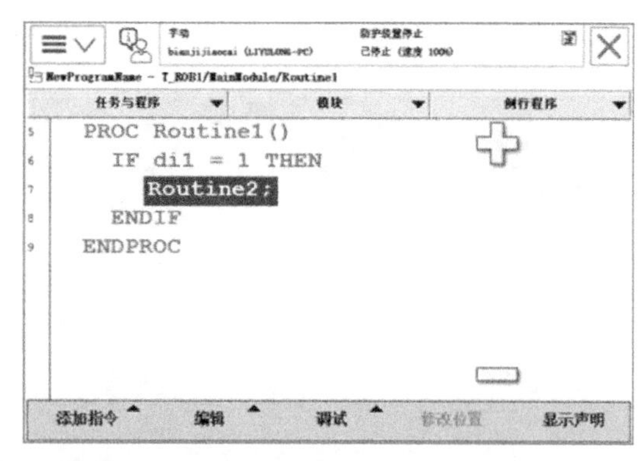

图 2-131　ProcCall 调用例行程序指令步骤三

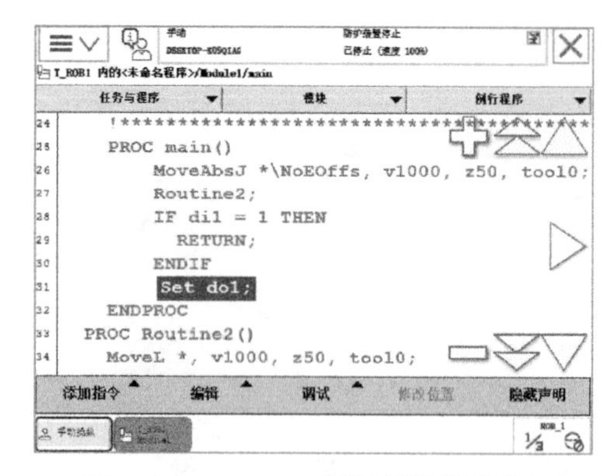

图 2-132　RETURN 返回例行程序指令

练一练

创建一个名称为 ModuleTrain 的模块，并在该模块下创建一个名称为 rTrain 的例行程序。

1. 在 rTrain 中添加一条移动到 P10 位置点的线性运动指令。
2. 在 rTrain 中添加一条移动到 P20 位置点的关节运动指令。
3. 在 rTrain 中添加一条移动到 P30、P40 位置点的圆弧运动指令。

任务单（表 2-18）

表 2-18　单元学习任务单

学习领域	工业机器人软件基础		
学习单元	单元四　ABB 工业机器人常用指令应用		
组　　员		时间	
任　　务	编程实现典型指令运用		
任务要求	三人一组，组内分工完成以下工作任务： 第一完成人：实现图一的运动轨迹。边长 40mm × 30mm，一侧倒角，一侧不倒角，且倒角 r 尺寸为 10mm； 第二完成人：实现图二的运动轨迹。圆的半径 r 为 50mm； 第三完成人：实现图三的运动轨迹。其中弦 l 长为 50mm，弧顶 h 高为 30mm，中心 H 长为 80mm r　图一　　r　图二　　l　h　H　图三		

（续）

任务实施记录（小组共同策划部分）	
任务调研	1. 确认小组成员分工，明确各自的工作任务； 2. 讨论确定实现工作任务的方案
需要资料准备	课件、教材、网上学习平台、仿真实训室
知识与技能要点	构建程序结构，运用所学知识与技能在仿真、实操两种环境下实现以上工作任务
小组实施效果记录	整体效果： 满意之处： 待改进之处：
任务实施记录（个人实施过程与效果分析）	
个人任务描述	
个人实施过程与效果分析	
自我评价	满意之处： 待改进之处：

赛一赛

创建一个名称为 Track01 的模块，并在该模块下创建相关例行程序。以小组为单位完成模拟电焊焊枪运动的轨迹，如图 2-133 所示。

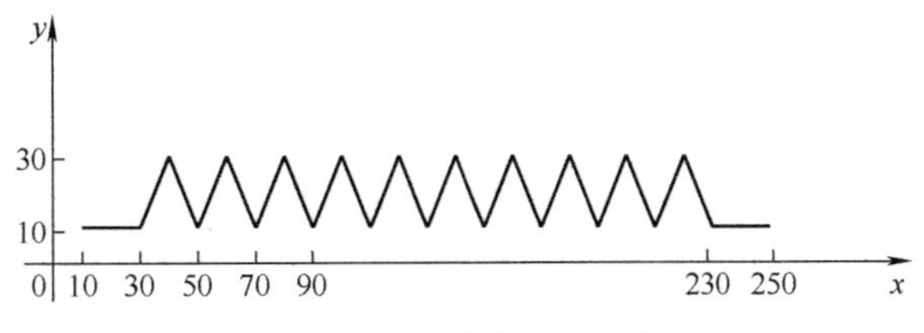

图 2-133　模拟电焊焊枪运动轨迹图

参数及要求：

1）图 2-133 尺寸单位为 mm。

2）齿形波的数量为 10 个，齿形尖端的转角半径为 5mm。

3）运动速度统一为“200”。

4）要创建初始化例行程序。

5）轨迹程序名为 rTrack01。

6）要求用到循环指令、赋值指令、时间等待指令等。

评分标准见表 2-19。

表 2-19 赛一赛评分标准（满分：20 分）

序号	评分项	权重	评分结果	得分	备注
工作站实际操作完成情况					
1	完成时间（12min 内完成）	4	是 否		
2	模块程序创建及命名	1	是 否		
3	例行程序创建及命名	1	是 否		
4	齿形轨迹实现	2	是 否		
5	转角半径设置	1	是 否		
6	运动速度设置	1	是 否		
7	应用循环指令编程	2	是 否		
8	应用赋值指令编程	2	是 否		
9	时间等待指令设置合理	2	是 否		
素养与安全					
10	遵守劳动纪律	1	是 否		
11	文明安全操作	2	是 否		
12	小组配合完成任务	1	是 否		
总得分					

模块三

工业机器人的典型应用实训

单元一　典型工作站应用基础

知识与技能

1. 了解工业机器人实训平台的构成及各部分的实训功能；
2. 了解工业机器人系统集成的基础性知识。

过程与方法

1. 掌握平台的正常启动与关闭技能；
2. 初步了解码垛、涂胶、搬运等主要实训项目功能；
3. 能独立尝试完成某一主要实训项目的具体操作。

情感与态度

1. 初步建立系统工程的概念；
2. 进一步培养工程素养，不怕困难，敢于探索与提升系统应用的能力。

本实训平台是一款以 ABB 工业机器人为本体，富含工业机器人系统集成实训功能的综合实训平台。其主要构成如图 3-1 所示。

一、实训平台的结构

本实训平台的左侧是 PLC 及电气控制接线区，如图 3-2 所示，主要实现与电气控制接线相关的实训功能。

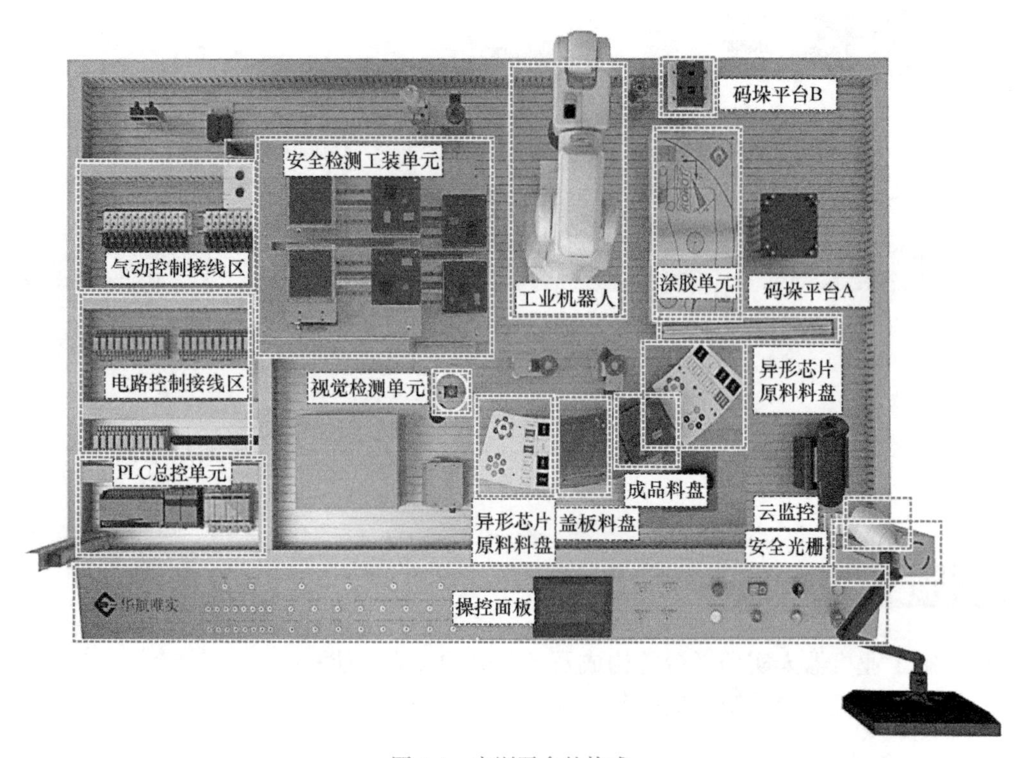

图 3-1　实训平台的构成

在实训平台的左前侧是安全检测工装单元，共有四个工位，它主要通过气动控制实现安装板的存放与检测，与其他智能制造实训平台中的原料库相似，它可实现对不同工序产品的存放与检测判断，如图 3-3 所示。

图 3-2　实训平台——PLC 及电气控制接线区

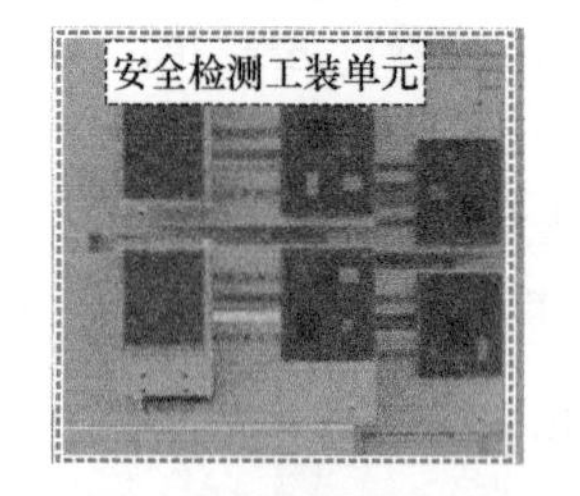

图 3-3　实训平台——安全检测工装单元

在实训平台的左后方是视觉检测单元，如图 3-4 所示。它主要通过光学识别，实现对电子元器件形状、颜色的检测识别，以及对不同电子元器件的检测判断，为安装板的智能安装做准备。

在实训平台的正前方是工业机器人本体，如图 3-5 所示。本实训平台选用的机器人本体是 ABB IRB120 机器人，是 ABB 系列机器人中最具代表性、臂长最短的工业机器人。

图 3-4　实训平台——视觉检测单元

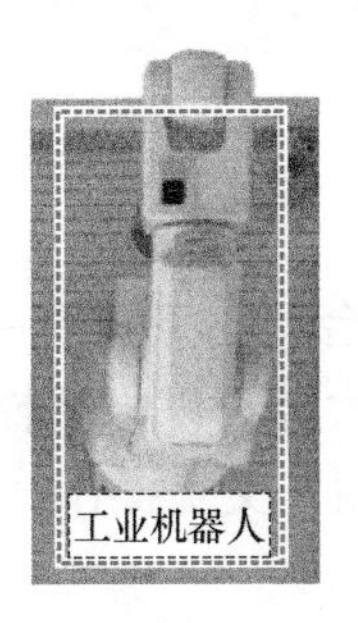

图 3-5　实训平台——工业机器人

在实训平台的右前方是涂胶单元，主要用以实现轨迹规划实训，如图 3-6 所示。

在实训平台涂胶单元的两边是码垛实训单元，有两组码垛平台，主要用以实现平面、斜面码垛实训，如图 3-7 所示。

图 3-6　实训平台——涂胶单元

图 3-7　实训平台——码垛单元

在实训平台的正面，是一个弧形综合操作平台，即综合实训单元，承担机器人的主要操作，如异形芯片安装、安装板安装、料盘操作等，如图 3-8 所示。在它的前方还有快换工具快换点，在此实现快换工具的更换。

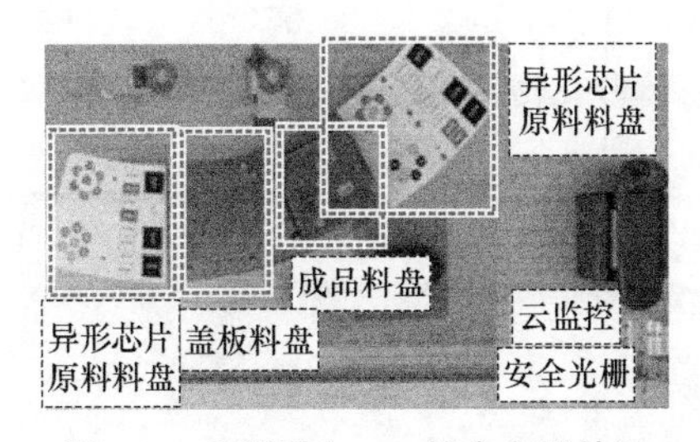

图 3-8　实训平台——综合实训单元

在实训平台的正面，是一个斜面安装的操控面板，如图 3-9 所示。启动、停止、急停按钮，外接线孔、HMI 面板都安装在这里，它是实训平台的重要操作区域。

在操控面板的两侧有两个红外发射与接收柱，以实现工作区域隔离，确保实训安全。

图 3-9　实训平台——操控面板

在实训平台的右下角是一个摄像头和CCD操作屏，如图3-10所示。摄像头可实现云监控，可接大屏，以方便操作实训信息分享。CCD操作屏是光学识别的重要界面，以实现编程、控制、交互操作。

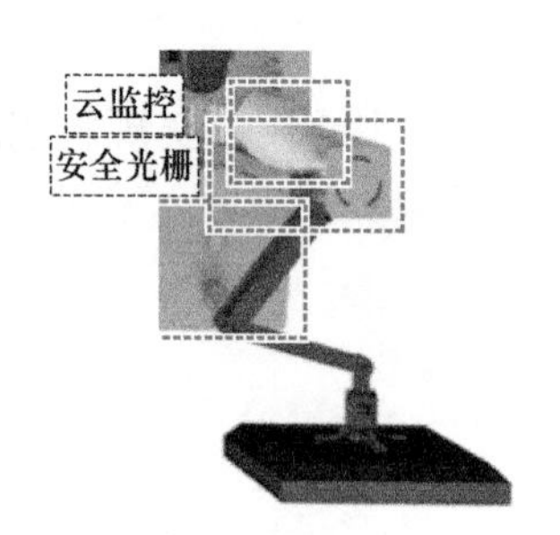

图 3-10　实训平台——监控单元

二、工作站的开启与关闭

1. 工作站的开启

第一步：开启负荷开关，如图3-11所示，依次将负荷开关QF1、QF2、QF3、QF4进行合闸。

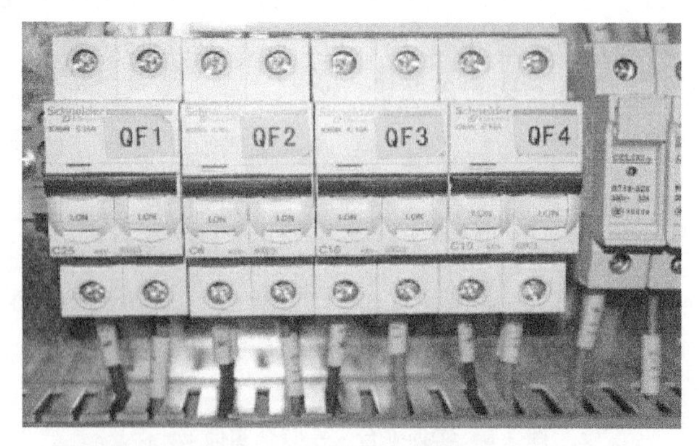

依次合闸：➡ QF1 ➡ QF2 ➡ QF3 ➡ QF4

图 3-11　实训平台启动操作步骤一

第二步：将机器人控制柜上的旋转钥匙开关置于“手动模式”，如图3-12所示。

第三步：将旋转开关置于“ON”位置，使控制柜上电，如图3-13所示。

图 3-12 实训平台启动操作步骤二

图 3-13 实训平台启动操作步骤三

至此，本实训平台将启动。

2. 工作站的关闭

第一步：在关闭 ABB 工业机器人前，首先要确认系统处于“防护装置停止”状态，如图 3-14 所示。

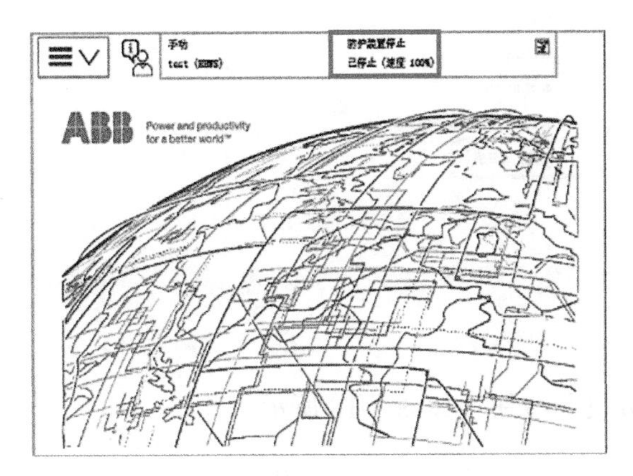

图 3-14 实训平台关闭操作步骤一

第二步：单击“重新启动”，如图 3-15 所示。

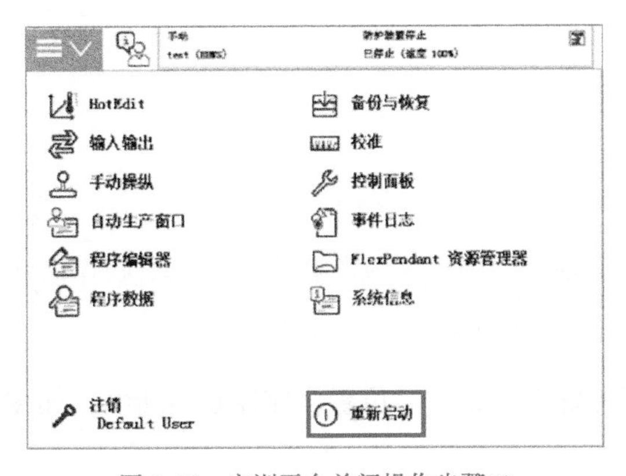

图 3-15 实训平台关闭操作步骤二

第三步：单击“高级”按钮，如图 3-16 所示。

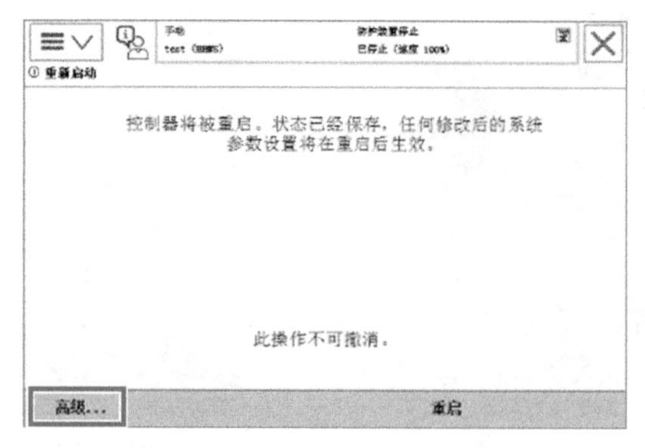

图 3-16　实训平台关闭操作步骤三

第四步：选择“关闭主计算机”选项，如图 3-17 所示。

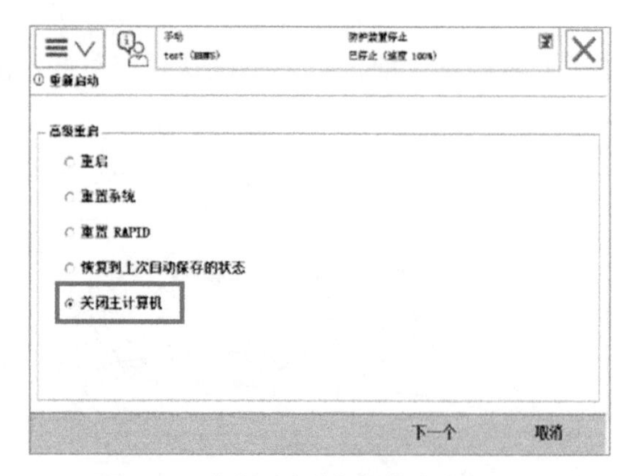

图 3-17　实训平台关闭操作步骤四（1）

单击“关闭主计算机”按钮，如图 3-18 所示。

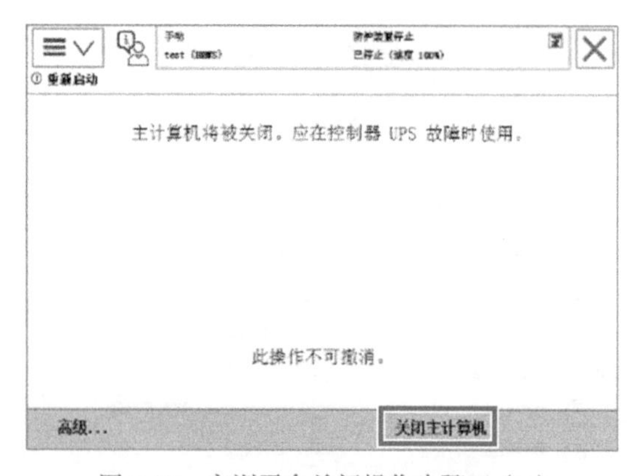

图 3-18　实训平台关闭操作步骤四（2）

第五步：将旋转开关置于“OFF”位置，使控制柜断电，如图 3-19 所示。

图 3-19　实训平台关闭操作步骤五

第六步：关闭负荷开关，如图 3-20 所示，依次将负荷开关 QF4、QF3、QF2、QF1 进行断电。

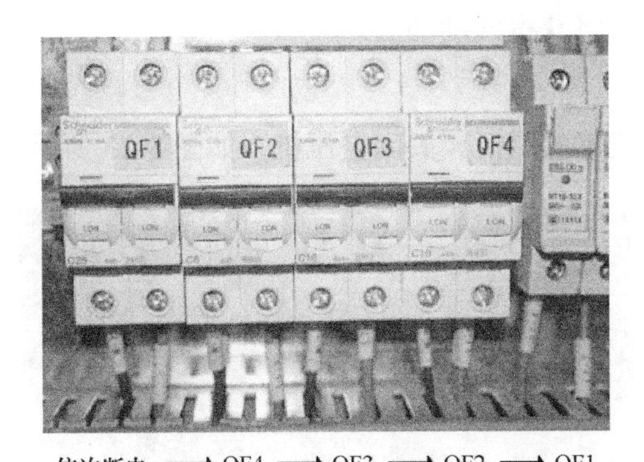

图 3-20　实训平台关闭操作步骤六

至此，本实训平台关闭。

三、空压机及气路系统的使用

1. 空压机（空气压缩机）开启

第一步：旋转空压机球阀手柄，接通空压机，如图 3-21 所示。

图 3-21　实训平台空压机起动操作步骤一

第二步：向 D 方向移动滑阀，给平台系统供气，如图 3-22 所示。

图 3-22　实训平台空压机起动操作步骤二

至此，实训平台系统将获得气动动力。

2. 空压机关闭

第一步：旋转空压机球阀手柄，关闭空压机，如图 3-23 所示。

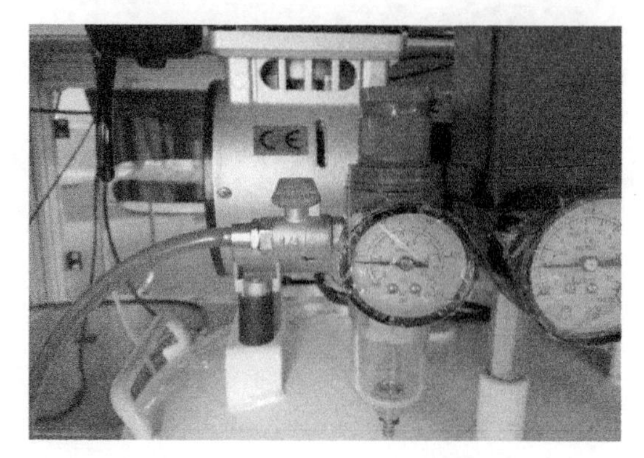

图 3-23　实训平台空压机关闭操作步骤一

第二步：向 C 方向移动滑阀，如图 3-24 所示。

图 3-24　实训平台空压机关闭操作步骤二

至此，实训平台系统将失去气动动力。

3. 气压调节

通过气阀上部的调节旋钮可调节气源压力，如图 3-25 所示。将黑色旋钮向上拔起，左右旋动调整，使空气压力处于 0.4 ～ 0.6MPa 的正常工作范围。压下旋钮，结束压力调整。

图 3-25　实训平台空压机压力调节操作

练一练

1. 简述本工业机器人实训平台的主要组成单元及其主要实训功能。
2. 在实训平台上尝试训练涂胶工艺。
3. 在实训平台上尝试训练快换工具操作。

任务单（表 3-1）

表 3-1　单元学习任务单

学习领域	工业机器人的典型应用实训		
学习单元	单元一　典型工作站应用基础		
组　　员		时间	
任　　务	工业机器人实训平台的初步操作		
任务要求	分组完成以下操作实训： 1. 完成实训平台的启动与关闭； 2. 操作空压机，调整压力； 3. 尝试快换工具的操作； 4. 组员间互相配合，确保操作安全		
任务实施记录（小组共同策划部分）			
任务调研	1. 确认小组成员分工，认知实训平台的结构； 2. 分析工作任务，确定实训操作要点		
需要资料准备	课件、教材、网上学习平台、仿真实训室		

（续）

知识与技能要点	1. 认知快换原理； 2. 掌握工具快换技能与技巧； 3. 自觉遵守安全操作规范
小组实施效果记录	整体效果： 满意之处： 待改进之处：
任务实施记录（个人实施过程与效果分析）	
个人任务描述	
个人实施过程与效果分析	
自我评价	满意之处： 待改进之处：

赛一赛

以小组为单位在工业机器人实训平台开展开关机等操作，评分标准见表 3-2。要求：

1）认知工业机器人实训平台各主要实训功能区。

2）实训平台开关机操作。

3）空压机开关机，并调整压力为 0.5MPa。

4）尝试完成快换工具的拾取与归位卸载。

表 3-2　赛一赛评分标准（满分：20 分）

序号	评分项	权重	评分结果	得分	备注
工作站实际操作完成情况					
1	完成时间（10min 内完成）	4	是　否		
2	指出各主要实训功能区的名称	1	是　否		
3	正确操作实训平台的开机、关机	2	是　否		
4	空压机开关机操作	1	是　否		

（续）

序号	评分项	权重	评分结果	得分	备注
工作站实际操作完成情况					
5	空压机压力调整	1	是　否		
6	快换工具的拾取	3	是　否		
7	快换工具卸载归位	3	是　否		
素养与安全					
8	遵守劳动纪律	1	是　否		
9	文明安全操作	3	是　否		
10	小组配合完成任务	1	是　否		
总得分					

单元二　典型应用实训——码垛

知识与技能

1. 了解 PQArt 软件的基本情况，掌握软件的运行基本技能；
2. 了解通过 PQArt 软件开展工业机器人实训平台码垛仿真的技能要点。

过程与方法

1. 掌握 PQArt 软件的使用方法；
2. 掌握码垛实训技能技巧；
3. 能独立编程实现码垛实训项目的各项实训功能。

情感与态度

1. 进一步建立系统工程思维；
2. 培养系统工程素养，提升综合应用知识与技能的能力。

PQArt 是一款机器人离线编程软件。通过 PQArt 软件可以在计算机上重建整个工作场景的三维虚拟仿真，根据加工零件图规划机器人的运动轨迹，并通过软件操作来仿真、调试，最后生成机器人程序，传输给机器人，实现离线编程。

一、场景搭建

利用三维球将零件工具台上的机器人、工具和零件依次移动到实训平台上，如图 3-26 所示。

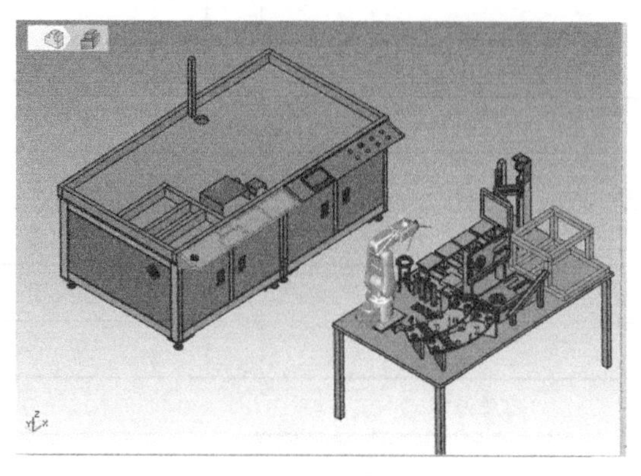

图 3-26　实训平台场景搭建初始状态

二、工件校准

工件搬移到工作台时，还需要对其位置做一个精准放置，使其与实际工作台的位置对应，这就需要进行工件校准操作。“三点校准”菜单如图 3-27 所示。

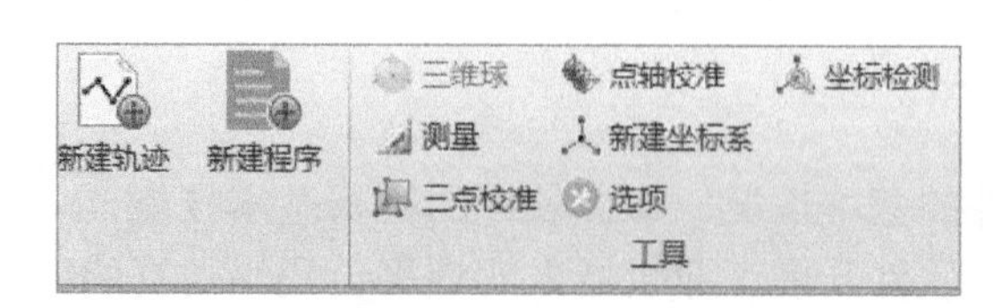

图 3-27　实训平台“三点校准”菜单

单击“三点校准”按钮后，按照校准对话框（图 3-28）中的“说明”一步步执行，具体校准步骤如下：

第一步：选择使用的坐标系为基坐标系。

第二步：选择要校准的模型。

第三步：在设计环境中指定三个点。

第四步：输入真实环境中三个点的数据。

第五步：进行预览，查看效果。

第六步：单击“对齐”按钮。

1. 校准示例——码垛平台 B 的校准

分别单击“设计环境”选项组下第一点、第二点、第三点的“指定”按钮，单击码垛平台 B 上对应点，输入实际点坐标，依次拾取三个点，然后单击“对齐”按钮，码垛平台 B 就会出现在平台上，其位置尺寸也将与实际场景位置一致，如图 3-29 所示。

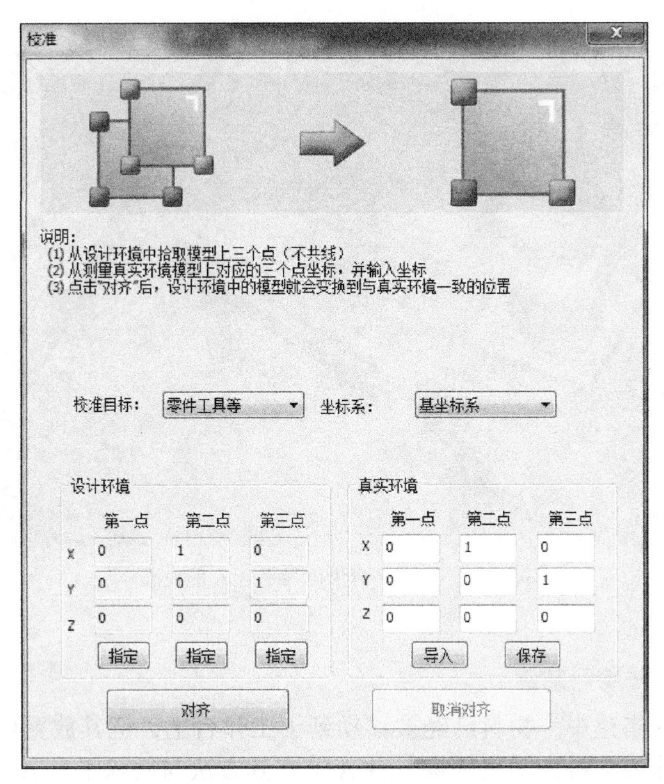

图 3-28　实训平台“三点校准”操作界面

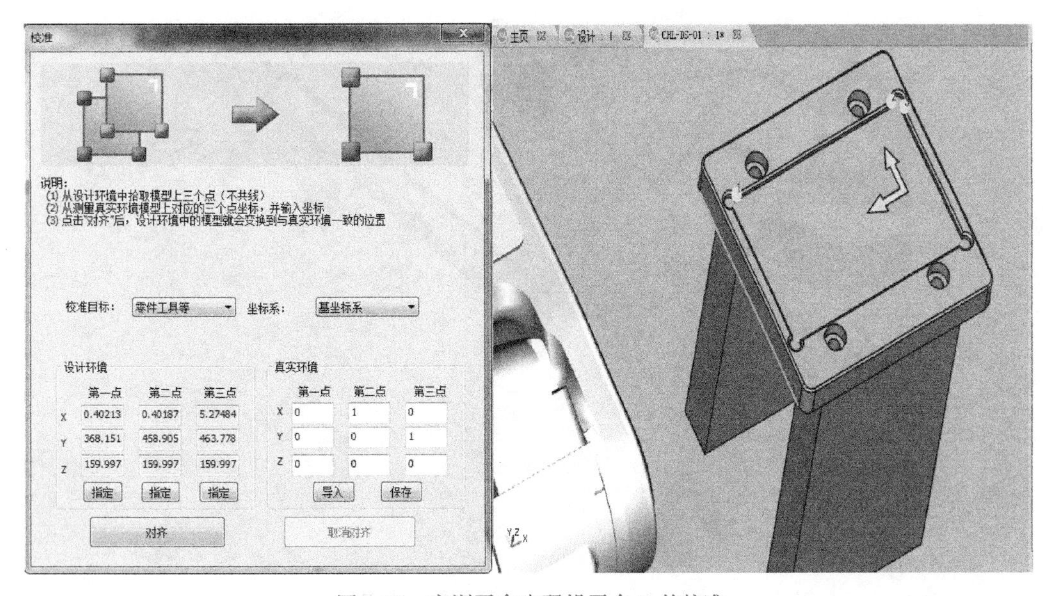

图 3-29　实训平台中码垛平台 B 的校准

2. 校准示例——码垛平台 A 的校准

校准过程与码垛平台 B 的校准相同。校准后，码垛平台 A 与机器人的相对位置如图 3-30 所示。

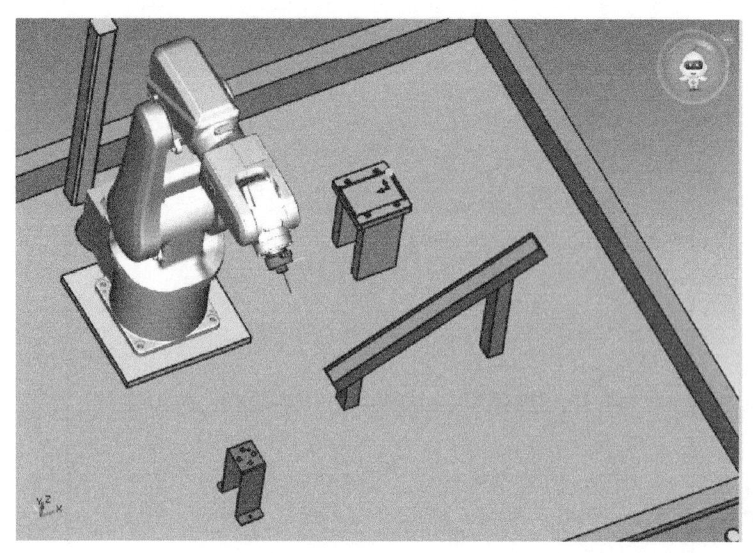

图 3-30　实训平台中码垛平台 A 的校准

3. 校准示例——物料放置

在之前的场景搭建中，物料已经被移动到了工作台上，但其放置位置是随意的。此时需要利用三维球将物料拖动到码垛平台 A 上，其方法与码垛平台 A、B 的校准方法一致，只是要求要更精确一些，如图 3-31 所示。

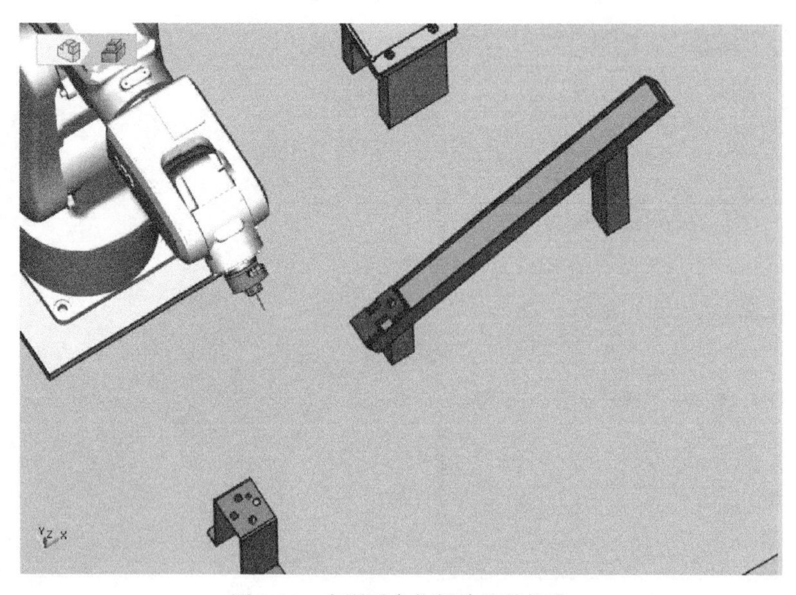

图 3-31　实训平台物料放置的校准

三、码垛轨迹设计

码垛流程包括码垛和拆垛两个主要环节。码垛是按照相关要求将物料摆放成相应的

堆垛，拆垛是将码垛的物料还原到初始位置。

第一步：定义工作原点 Home 点。

为了便于机器人控制与编程，最好先定义一个点作为 Home 点。Home 点是机器人所有运动的起点，也是机器人运动的终点，同时也可以作为两个相对独立运动的过渡点。某一功能工序完成后，机器人应回到 Home 点待命，Home 点也可作为一道工序的结束标志。

第二步：安装工具夹爪。

码垛工艺使用的工具为夹爪，安装夹爪工具的步骤如下：

1）右击工具夹爪，在弹出的快捷菜单中选择“安装（生成轨迹）”选项。

2）在“偏移”对话框中设定出 / 入刀偏移量。偏移量是设置安装 / 卸载夹爪工具时的预留运动量，如图 3-32 所示。

安装关节式工业机器人气动手爪

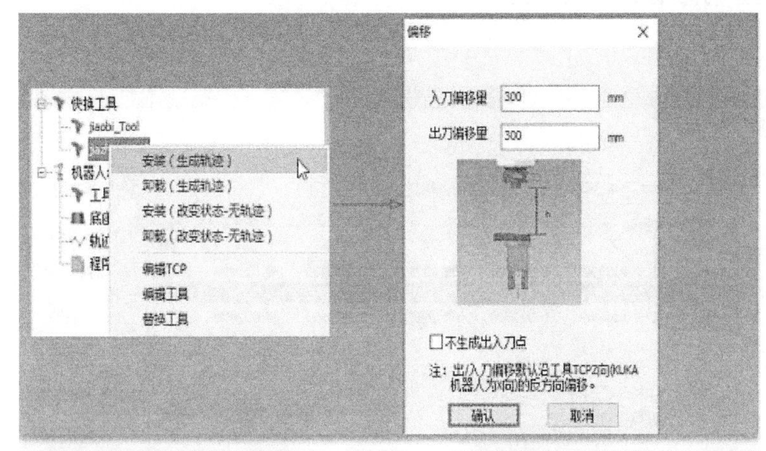

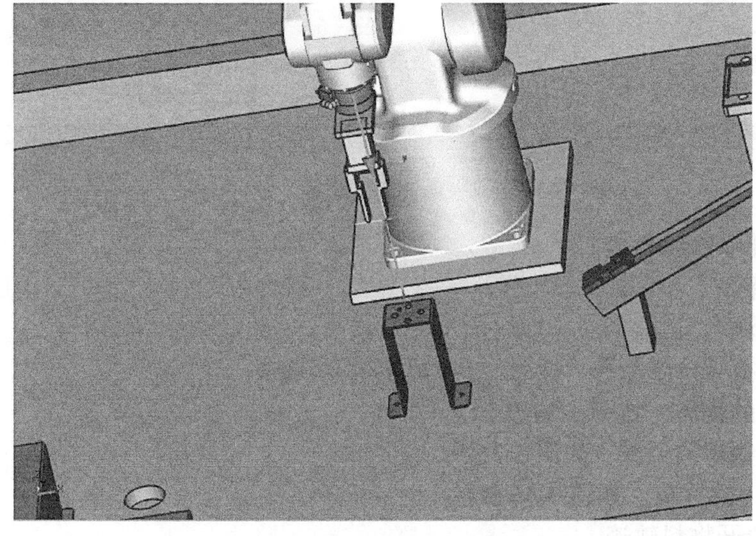

图 3-32　工具夹爪的安装

第三步：TCP 确认。

搬运轨迹包括抓取物料和放开物料。在抓取物料之前，应先确认或切换当前工具的 TCP。

注意：一般情况下，当法兰工具吸附上一个快换工具后，快换工具如果有多个TCP，软件会将快换工具的多个TCP继承过来，并将快换工具的第一个TCP激活作为法兰工具当前的TCP，这样可以方便操作者后续直接使用。但是，有时法兰需要继承的是快换工具的其他TCP，这时，就需要手工切换一下TCP，一般来说，哪个工具的TCP去抓取零件，轨迹就应关联到哪个工具的TCP。这个动作通过“TCP设置”来实现，如图3-33所示。其方法步骤如下：

法兰气路的连接

快换装置信号的添加

1）右击法兰上的工具。

2）在弹出的快捷菜单中选择“TCP设置”选项。

3）双击目标TCP的名称，切换TCP。

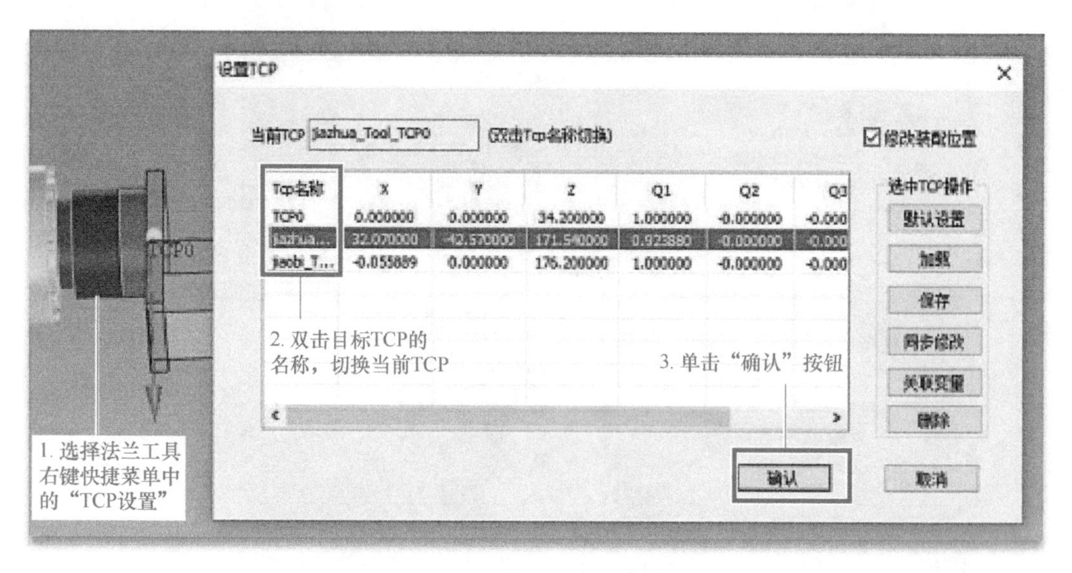

图3-33 工具夹爪TCP的设置

第四步：生成抓取物料轨迹。

抓取物料的步骤如下：

1）右击机器人法兰工具。

2）在弹出的快捷菜单中选择“抓取_（生成轨迹)”选项。

3）选择被抓取的物体，如图3-34所示。

4）选择被抓取物体的位置，如图3-35所示。

5）设定出/入刀偏移量，如图3-36所示。

第五步：生成放开物料轨迹。

如图3-37所示，放开物料的步骤如下：

1）右击机器人法兰工具。

2）在弹出的快捷菜单中选择“放开_（生成轨迹)”选项。

3）选择要被放开的物体。

快换信号的调试

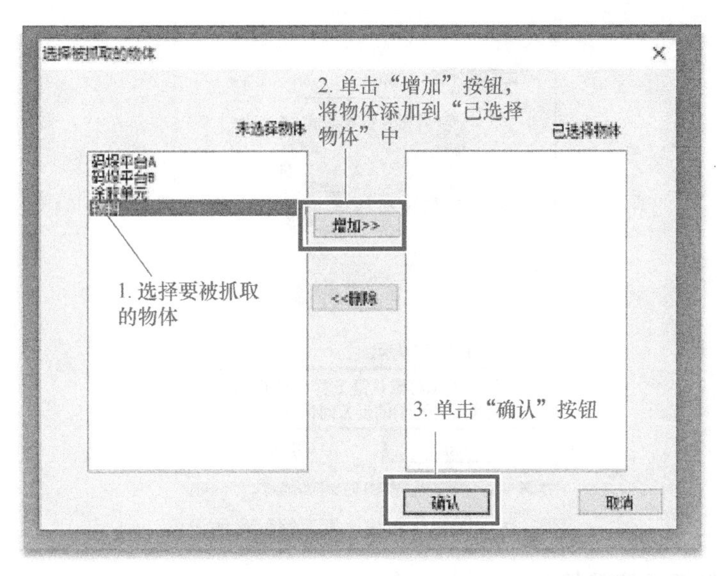

图 3-34　抓取物料的添加

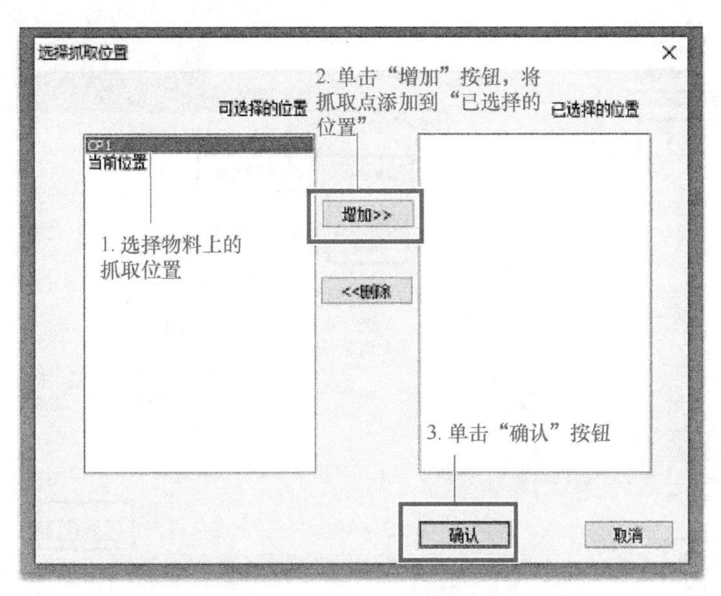

图 3-35　抓取物料位置的添加

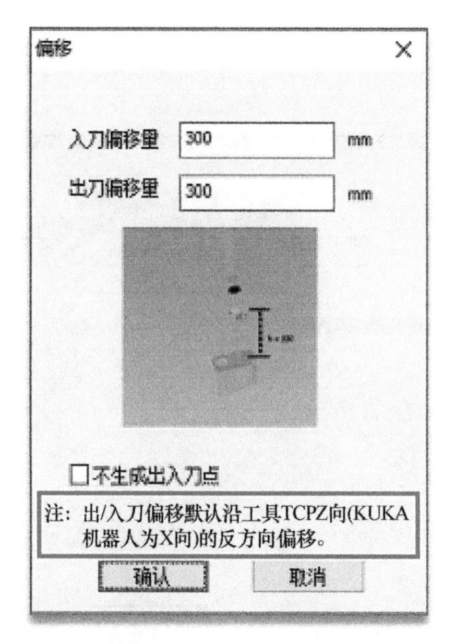

图 3-36　抓取物料出 / 入刀偏移量的设置

4）选择物料的承接零件。

5）选择物料上放开的位置。

6）填入出 / 入刀偏移量。

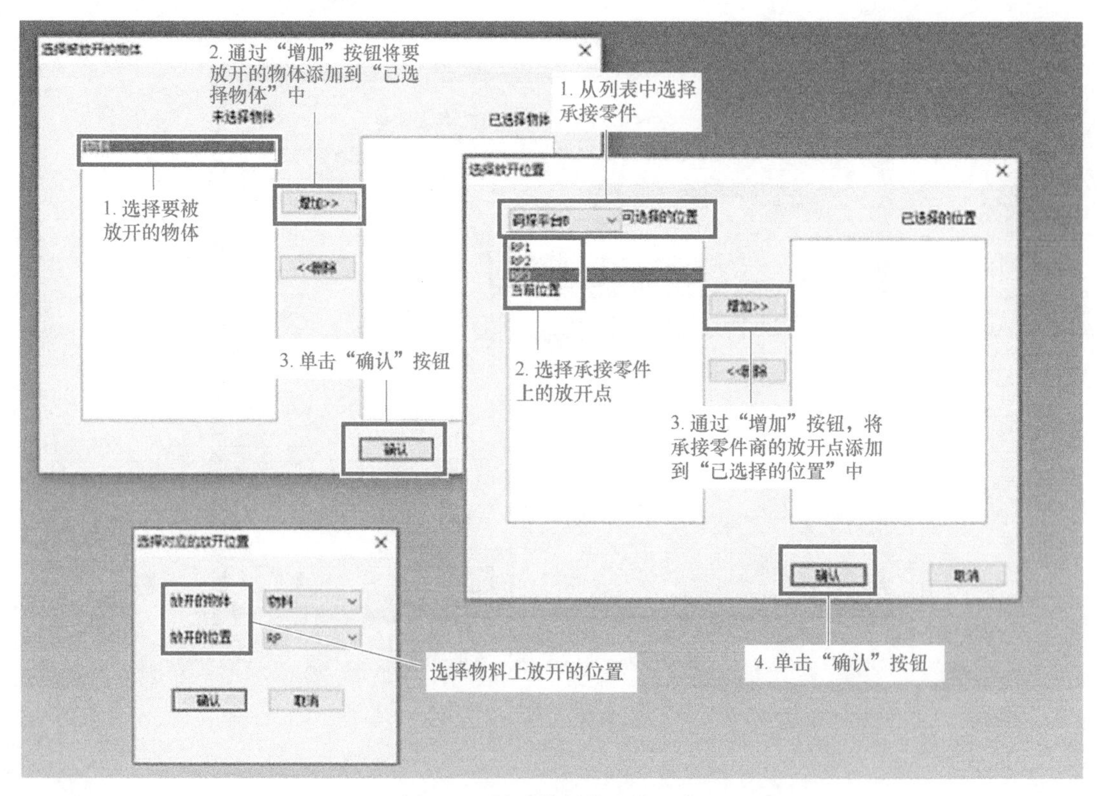

图 3-37　放开物料轨迹的生成

第六步：合并运动轨迹。

一个完整的物料搬运过程包含抓取物料轨迹和放开物料轨迹两个部分，必须进行轨迹的合并才能进行下一步操作。

单击“轨迹”→“ group”，并多选“抓取 _ 物料”轨迹和“放开 _ 物料”轨迹，然后右击鼠标，在弹出的快捷菜单中选择“合并轨迹”选项，合并后，将轨迹重命名为“搬运轨迹”，如图 3-38 所示。

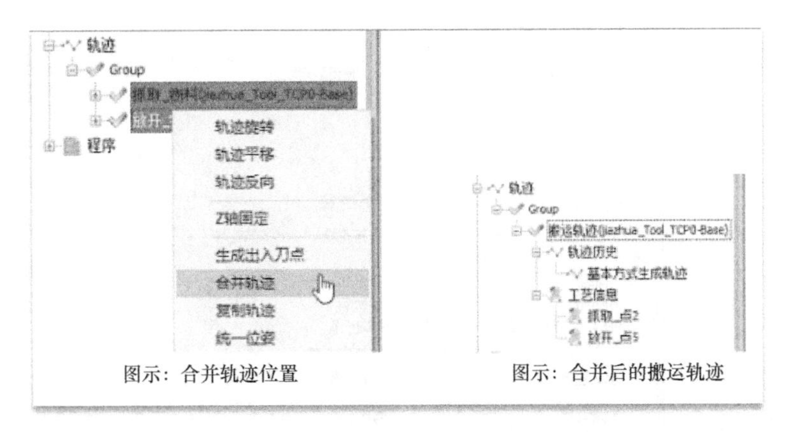

图示：合并轨迹位置　　图示：合并后的搬运轨迹

图 3-38　物料搬运轨迹的合并

合并运动轨迹后的效果如图 3-39 所示。

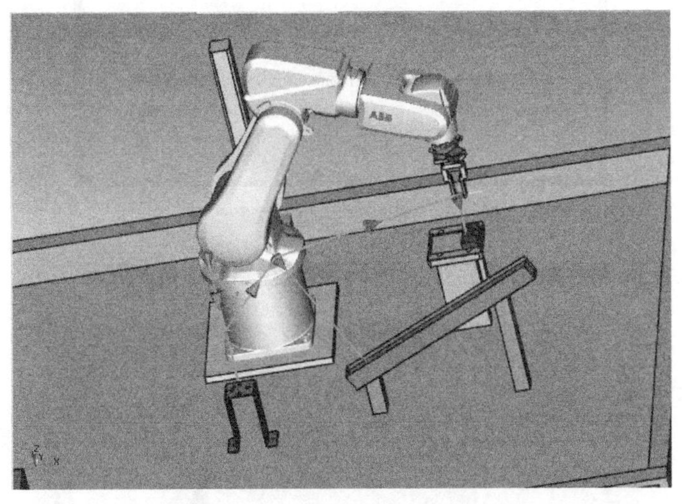

图 3-39　物料搬运轨迹合并的效果

四、码垛工艺包的使用

PQArt 提供码垛工艺包功能，使得码垛编程更加快捷方便。“码垛”按钮位于菜单“高级编程”中，如图 3-40 所示。

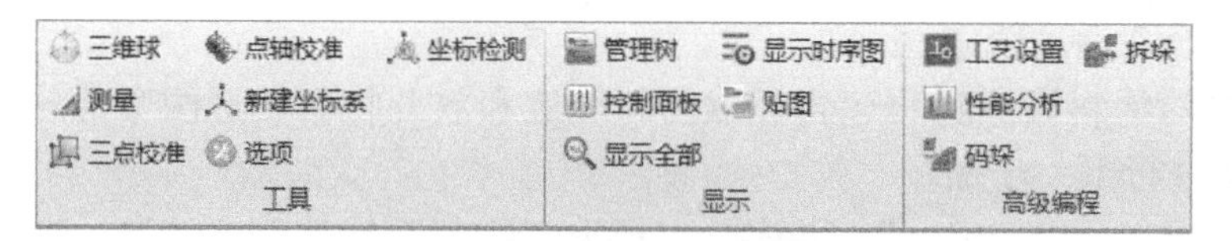

图 3-40　码垛工艺包

单击“码垛”按钮后，在弹出的对话框中可以设置多种参数，如图 3-41 所示。

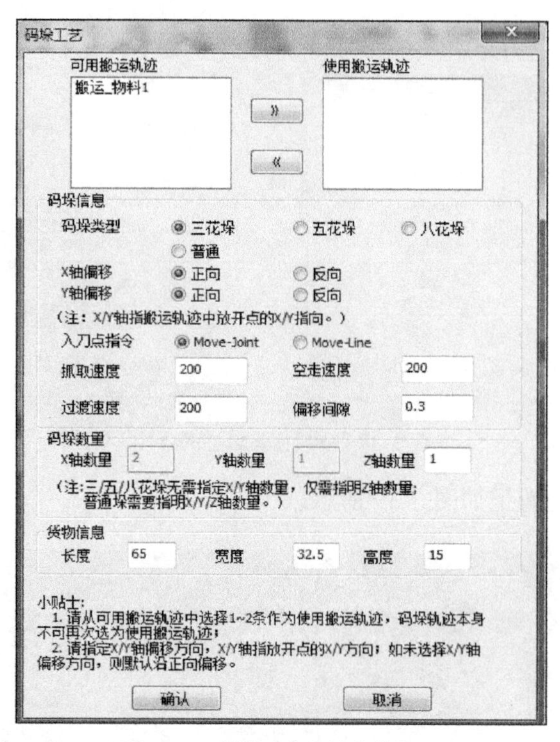

图 3-41　码垛工艺包的参数设置

按图 3-41 设置相关参数，最后生成的码垛轨迹如图 3-42 所示。

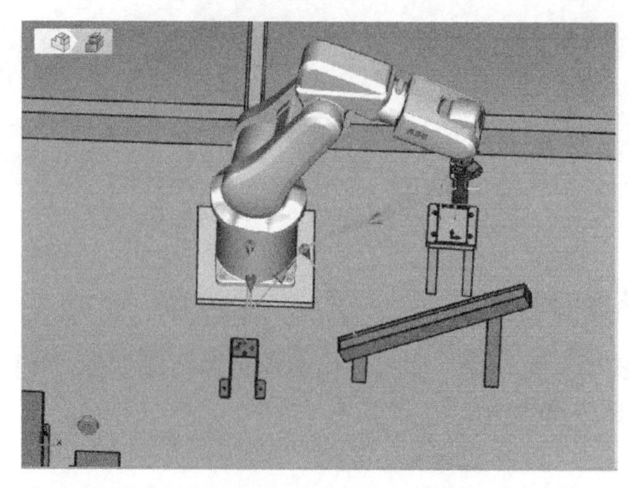

图 3-42　使用码垛工艺包自动生成的码垛轨迹

五、拆垛轨迹设计

码垛完成之后，下一步就是拆垛。可以直接使用“拆垛”工艺包，“拆垛”按钮也位于“高级编程”菜单中，如图 3-43 所示。

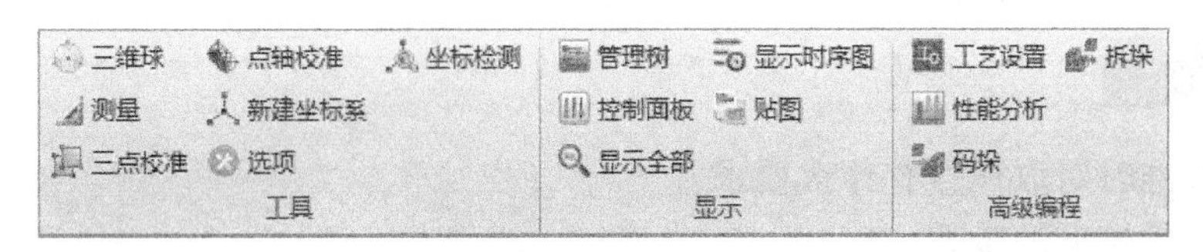

图 3-43　拆垛工艺包

单击“拆垛”按钮后，在弹出的“拆垛”对话框中设置“要拆垛的轨迹”“选择放开零件”“选择承接零件”及“工艺信息设置”等选项，即可自动生成拆垛轨迹，如图 3-44 所示。

图 3-44　拆垛工艺包的参数设置

六、卸载工具夹爪

拆垛轨迹完成之后即可卸载工具。在机器人加工管理面板或者绘图区中，右击夹爪，在弹出的快捷菜单中选择“卸载（生成轨迹）”选项，接下来设置好出 / 入刀偏移量即可，如图 3-45 所示。

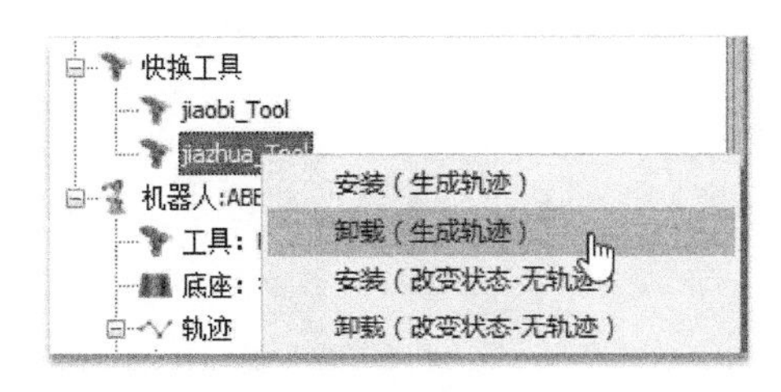

图 3-45　卸载工具夹爪

工业机器人码垛演示

在程序中再次插入 Home 点，以便工业机器人在完成码垛—拆垛操作后，能自动回到初始位置。

至此，一个完整的码垛—拆垛操作就完成了。

练一练

1. 工件校准时对取样点有什么要求？
2. 试述工件校准的步骤。
3. 试述码垛轨迹设计中抓取物料的步骤。

任务单（表 3-3）

表 3-3　单元学习任务单

<table>
<tr><td>学习领域</td><td colspan="3">工业机器人的典型应用实训</td></tr>
<tr><td>学习单元</td><td colspan="3">单元二　典型应用实训——码垛</td></tr>
<tr><td>组　　员</td><td></td><td>时间</td><td></td></tr>
<tr><td>任　　务</td><td colspan="3">利用工业机器人实训平台开展码垛实训操作</td></tr>
<tr><td>任务要求</td><td colspan="3">以小组为单位完成以下操作实训：
1. 完成实训平台的启动与关闭；
2. 尝试快换工具的操作；
3. 利用夹具实现垛块在两个码垛平台间的码垛操作；
4. 组员间互相配合，确保操作安全</td></tr>
<tr><td colspan="4">任务实施记录（小组共同策划部分）</td></tr>
<tr><td>任务调研</td><td colspan="3">1. 确认小组成员分工；
2. 查阅工业机器人实训平台码垛实训资料；
3. 分析工作任务，确定实训操作要点</td></tr>
<tr><td>需要资料准备</td><td colspan="3">课件、教材、网上学习平台、仿真实训室、工业机器人实训平台</td></tr>
<tr><td>知识与技能要点</td><td colspan="3">1. 认知快换原理；
2. 掌握快换工具技能技巧；
3. 操作安全保障</td></tr>
<tr><td>小组实施
效果记录</td><td colspan="3">整体效果：

满意之处：

待改进之处：</td></tr>
</table>

（续）

任务实施记录（个人实施过程与效果分析）	
个人任务描述	
个人实施过程与效果分析	
自我评价	满意之处： 待改进之处：

赛一赛

以小组为单位在实训平台开展码垛操作，评分标准见表 3-4。要求：

1）设置机器人安全点。

2）I/O 点设置由教师完成。

3）空压机开关机，并调整压力为 0.5MPa。

4）自动完成快换工具的拾取与归位卸载。

5）从斜面槽工作台 A 夹取一块垛块，并水平放置到平面工作台 B。

6）编程实现以上功能。

表 3-4　赛一赛评分标准（满分：20 分）

序号	评分项	权重	评分结果	得分	备注
工作站实际操作完成情况					
1	完成时间（30min 内完成）	6	是　否		
2	空压机操作	1	是　否		
3	安全点设置	1	是　否		
4	快换工具拾取	3	是　否		
5	垛块拾取	2	是　否		
6	垛块放置	1	是　否		
7	快换工具卸载归位	2	是　否		
素养与安全					
8	遵守劳动纪律	1	是　否		
9	文明安全操作	2	是　否		
10	小组配合完成任务	1	是　否		
总得分					

单元三 典型应用实训——涂胶

知识与技能

1. 掌握利用 PQArt 软件开展仿真涂胶的基本技能；
2. 掌握利用实训平台涂胶的操作技能。

过程与方法

1. 进一步磨炼 PQArt 软件的使用技巧；
2. 掌握典型涂胶路径的实现技能；
3. 能独立编程完成涂胶实训项目。

情感与态度

进一步培养系统工程素养，提升综合应用知识与技能的能力。

涂胶工艺是汽车制造、建材门窗生产、太阳能电池板生产等工业领域的重要工序，为保证涂胶的质量与效率，实际生产中多采用工业机器人进行涂胶工作。利用工业机器人开展涂胶作业，在提高涂胶精度的同时，可大大提高生产效率，且运行可靠、产品质量稳定，同时可以节省材料，降低生产成本，所以开展涂胶工艺实训是十分必要的。

涂胶实训的目标是通过机器人离线编程软件，借助加工零件上一些特征边、线、面，编程实现生成加工路径的能力。

涂胶操作的一般步骤如下：

1）插入工作原点 Home 点。

2）安装工具涂胶笔。

3）生成涂胶轨迹。

4）卸载工具涂胶笔。

5）插入 Home 点。

涂胶工艺实训要点有以下几个：

1）涂胶时，涂胶笔要保证始终垂直于工作轮廓面。

2）涂胶时的运行速率要保持稳定，且较一般运行速率低。

3）涂胶工艺在开始和结束时，分别要标注起始点和结束点（可以看到开始和结束的动作，确保环形涂胶线路的闭合）。

4）涂胶工具的尖点应始终位于涂胶单元轨迹线槽的中心线上，偏离涂胶单元上方一定距离。

5）完成涂胶轨迹后，机器人自动完成涂胶工具的卸载。

6）涂胶轨迹不能出现不可达、轴超限等情况，涂胶过程中不能发生干涉碰撞。

下面介绍涂胶工艺的具体实训过程。

第一步：插入工作原点 Home 点。

首先为机器人设置工作的起始点。右击机器人，在弹出的快捷菜单中选择“回到机械零点”选项，确保机器人回到了机械零点状态，如图 3-46 所示。

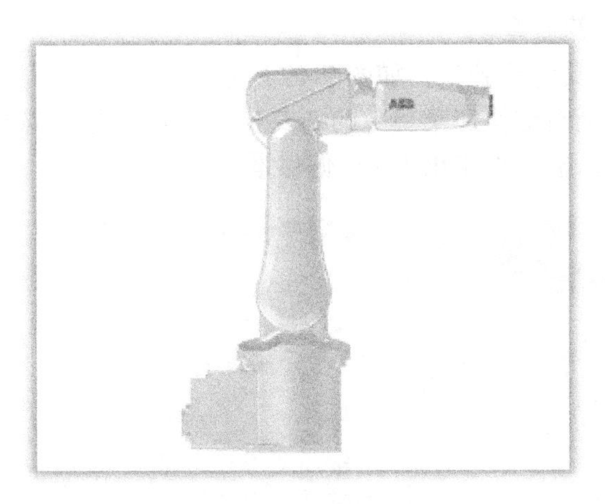

图 3-46　涂胶操作前的准备

右击机器人加工管理面板上的法兰工具，在弹出的快捷菜单中选择“插入 POS 点（Move-AbsJoint)”选项，为机器人设置工作原点，即 Home 点。或者选中绘图区中的法兰工具，执行同样的操作步骤。

ABB 机器人插入的第一个 POS 点必须是 Move-AbsJoint 点，以保证运动起始点姿态一致，如图 3-47 所示。

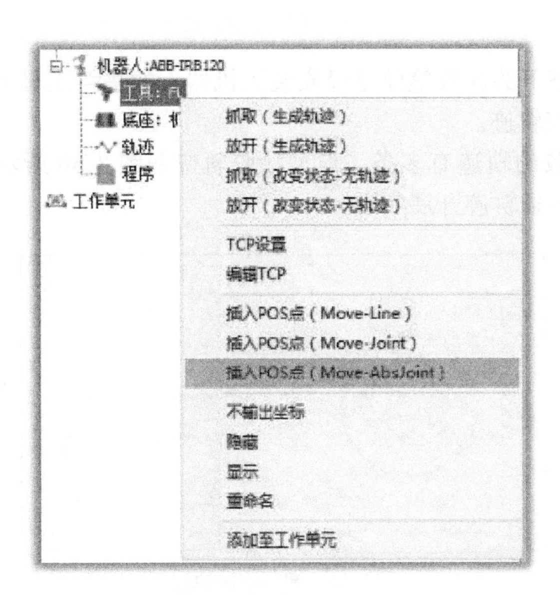

图 3-47　涂胶操作前插入工作原点

插入该点之后，在轨迹树上将其重命名为“Home”，如图 3-48 所示。

图 3-48　涂胶操作前对工作原点的命名

第二步：安装工具涂胶笔。

涂胶工艺使用的工具为涂胶笔，如图 3-49 所示。

1）选择工具涂胶笔右键快捷菜单中的“安装（生成轨迹）”选项。

2）在“偏移”对话框中设定出 / 入刀偏移量。

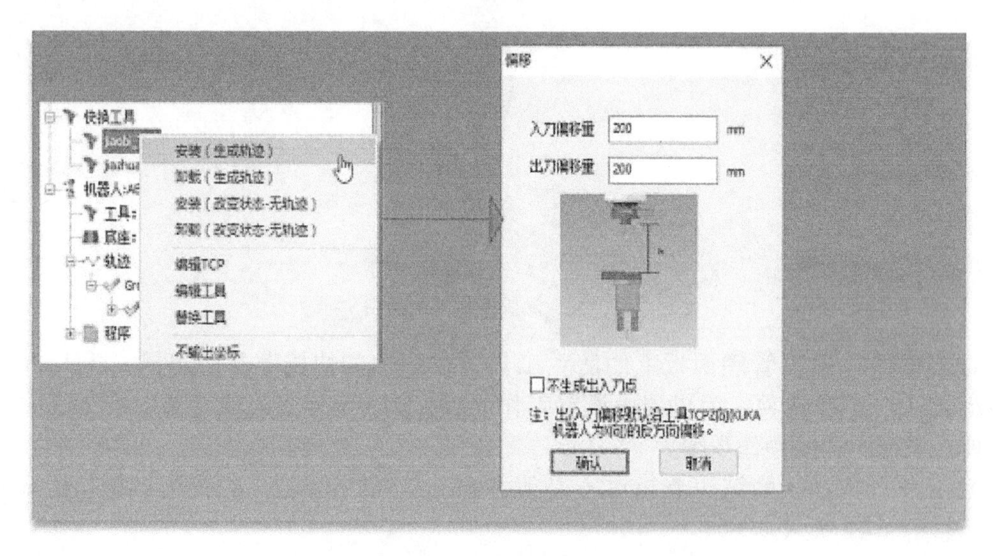

图 3-49　涂胶笔参数设置

至此，PQArt 状态下的涂胶笔就已经安装到机器人的法兰工具上了。

第三步：生成涂胶轨迹。

涂胶单元上需涂胶的轨迹有多条，典型涂胶轨迹如图 3-50 所示（可根据实训难度要求来自行选定一条或多条轨迹开展实训）。

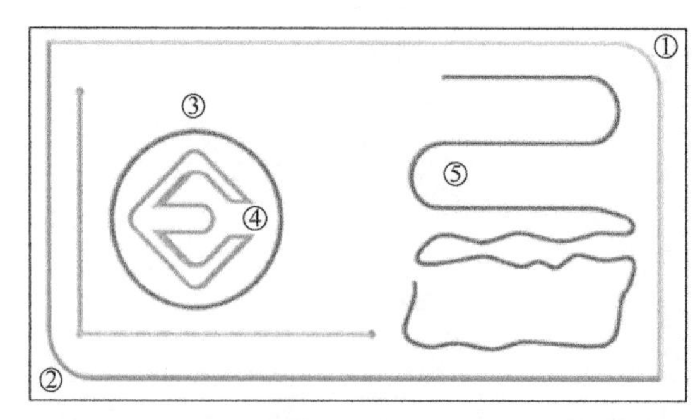

图 3-50　典型涂胶轨迹

在 PQArt 仿真环境下，可以自动生成涂胶轨迹，如图 3-51 所示。

自动生成轨迹的步骤如下：

1）单击“基础编程”菜单中的“生成轨迹”按钮，弹出轨迹属性面板。

2）在轨迹属性面板中选择轨迹生成类型，并在零件上拾取元素，然后单击✔按钮完成轨迹的生成。

3）在轨迹树上编辑轨迹的特征，使之符合加工要求。

4）若轨迹出现轴超限等问题，需要对轨迹进行编辑和优化。

每条轨迹生成之后，轨迹点的颜色都是未知状态（灰色），可使用“编译”功能获悉轨迹点状态。“编译”按钮位于“基础编程”菜单中，如图 3-52 所示。

图 3-51　生成涂胶轨迹

图 3-52　涂胶轨迹自动生成中的编译操作界面

根据实际情况，涂胶笔应悬浮在空中，距凹槽中心有一定的距离，这一点可以通过设置偏移量来控制。

PQArt 软件已经对涂胶单元的边线进行了处理，每个凹槽的中心都有一条曲线用来直接生成符合要求的轨迹，操作中只需要选择这条线即可。同时运动轨迹必须是闭合的，若是非闭合轨迹，则应选中所有的轨迹线。涂胶轨迹生成后不必再进行轨迹平移。

轨迹的编辑入口为轨迹的右键快捷菜单，如图 3-53 所示。

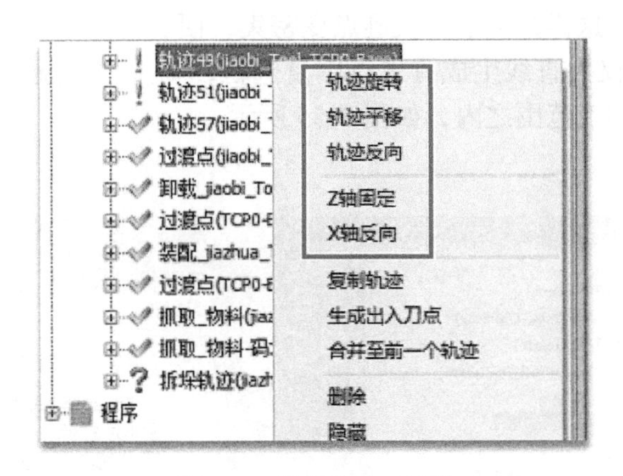

图 3-53　涂胶轨迹的编辑

下面以生成涂胶实训模块中轨迹①、②为例来介绍具体的操作方法，如图 3-54 所示。在轨迹属性面板上，选择轨迹类型为“曲线特征”，单击凹槽中心的曲线作为拾取元素线，先后选中涂胶板上轨迹①、②中的曲线，再任选涂胶面板上的一个面作为拾取元素“面”，最后单击完成按钮✔即可。

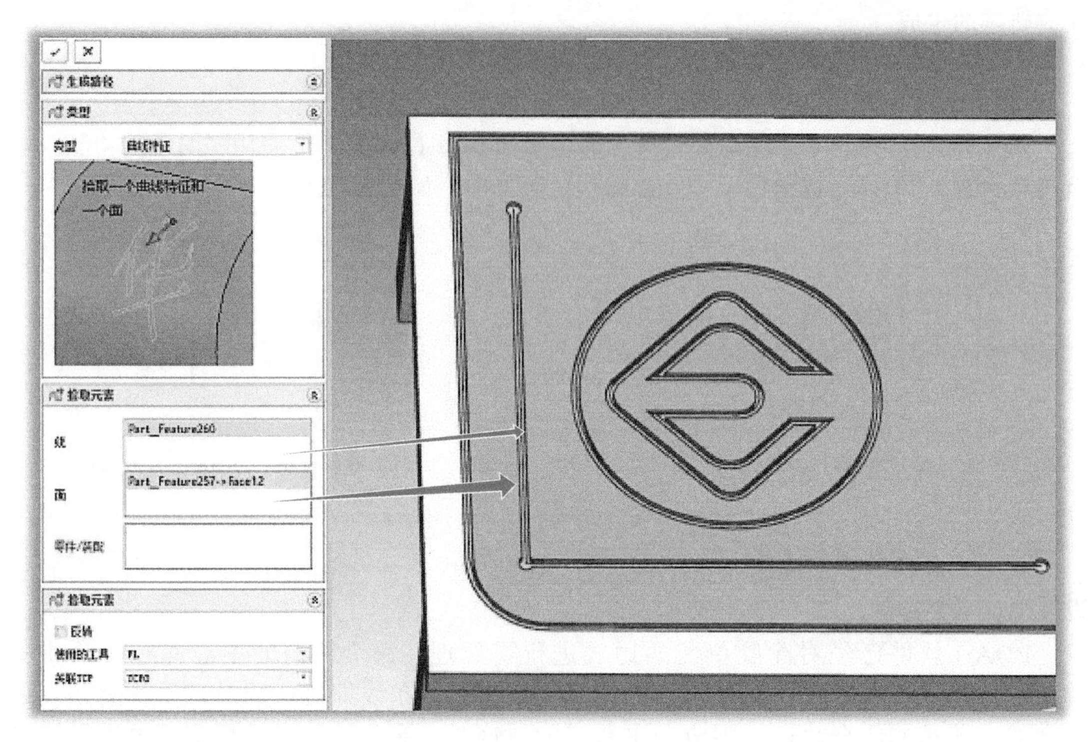

图 3-54　涂胶轨迹的编辑示例

在轨迹树上右击生成的轨迹，通过快捷菜单中的“修改特征”选项，将轨迹的步长改为一个较小的数值，这样是为了将轨迹点变密集，便于精确加工。

同时取消勾选“仅为直线生成首末点”复选框，勾选“必过连接点”复选框，保证涂胶板的拐角处也在加工范围之内，如图 3-55 所示。

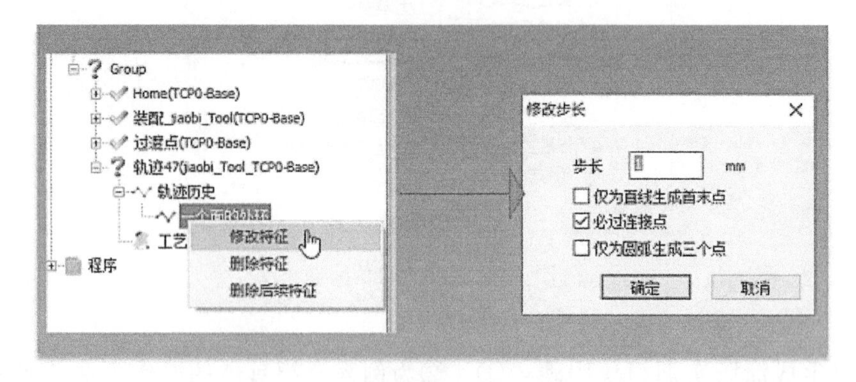

图 3-55　涂胶轨迹编辑示例的特征修改

生成的涂胶轨迹如图 3-56 所示。

图 3-56　涂胶轨迹编辑示例的效果

生成另外几条涂胶轨迹时，轨迹生成类型也选择“曲线特征”，步骤与上述操作一致。

第四步：卸载工具涂胶笔。

涂胶轨迹完成之后要卸载工具涂胶笔，将其归位。在机器人加工管理面板或者绘图区中，右击涂胶笔，在弹出的快捷菜单中选择“卸载（生成轨迹）”选项，接下来设置出 / 入刀偏移量即可，如图 3-57 所示。

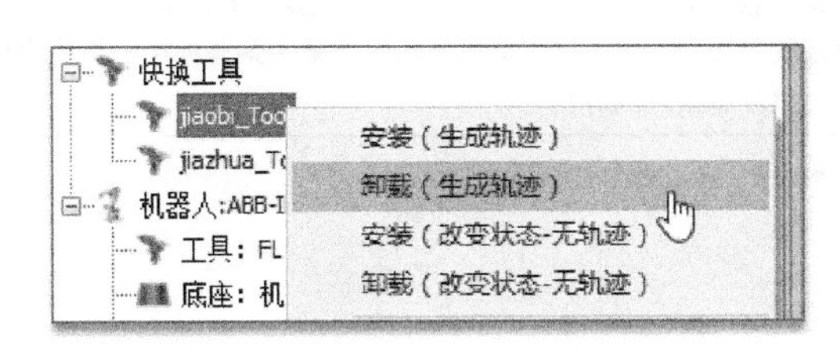

图 3-57　涂胶轨迹编辑的涂胶笔卸载

第五步：插入 Home 点。

涂胶完成后，要求机器人回到工作原点。其操作步骤如下：

1）右击机器人，在弹出的快捷菜单中选择“回到机械零点”选项，确保机器人回到了机械零点状态。

2）插入工作原点 Home 点。右击机器人加工管理面板上的法兰工具，在弹出的快捷菜单中选择“插入 POS 点（Move-AbsJoint）”选项，为机器人设置工作原点，即 Home 点。

至此，涂胶实训工作完成。

练一练

1. 设置 Home 点有什么原则？
2. 简述涂胶轨迹实训的主要步骤。
3. 如何调整机器人位姿，使其避开轴超限点？

任务单（表 3-5）

表 3-5 单元学习任务单

<table>
<tr><td>学习领域</td><td colspan="3">工业机器人的典型应用实训</td></tr>
<tr><td>学习单元</td><td colspan="3">单元三　典型应用实训——涂胶</td></tr>
<tr><td>组　员</td><td></td><td>时间</td><td></td></tr>
<tr><td>任　务</td><td colspan="3">利用 PQArt 开展涂胶轨迹实训</td></tr>
<tr><td>任务要求</td><td colspan="3">利用仿真实训室，独立完成以下实训：
1. 在场景搭建的基础上，设置 Home 点；
2. 选择 1 ～ 5 号线中的一条，练习轨迹生成功能；
3. 会通过姿态调整，规避机器人轴超限点；
4. 掌握轨迹生成实训技能，能独立完成某一条典型涂胶轨迹的实训</td></tr>
<tr><td colspan="4">任务实施记录（小组共同策划部分）</td></tr>
<tr><td>任务调研</td><td colspan="3">1. 查阅有关涂胶应用情况的行业资料，了解其工业应用特点；
2. 回顾 PQArt 软件的应用情况，熟悉软件操作技巧；
3. 分析工作任务，确定实训操作要点</td></tr>
<tr><td>需要资料准备</td><td colspan="3">课件、教材、网上学习平台、仿真实训室、工业机器人实训平台</td></tr>
<tr><td>知识与技能要点</td><td colspan="3">1. 总结安全点（Home 点）的设置技巧，会设置多个安全点；
2. 理解涂胶操作的步骤，尽可能熟练地完成某一条典型涂胶轨迹生成操作；
3. 掌握规避轴超限点的方法与技巧</td></tr>
<tr><td>实施
效果记录</td><td colspan="3">整体效果：

满意之处：

待改进之处：</td></tr>
<tr><td colspan="4">任务实施记录（个人实施过程与效果分析）</td></tr>
<tr><td>个人任务
描述</td><td colspan="3"></td></tr>
<tr><td>个人实施
过程与效果
分析</td><td colspan="3"></td></tr>
<tr><td>自我评价</td><td colspan="3">满意之处：

待改进之处：</td></tr>
</table>

赛一赛

以小组为单位在 PQArt 软件环境下开展涂胶轨迹生成操作，评分标准见表 3-6。

要求：

1）轨迹项目命名为“轨迹 _ 姓名（全拼)”。

2）设置两个机器人安全点，并合理命名。

3）提前完成场景搭建工作，提供规范的涂胶单元环境。

4）将出 / 入刀偏移量设置为 200mm。

5）将步长设置为 2mm。

6）完成 4 号线的涂胶轨迹，编译生成相应的仿真程序。

表 3-6　赛一赛评分标准（满分：20 分）

序号	评分项	权重	评分结果	得分	备注
工作站实际操作完成情况					
1	完成时间（15min 内完成）	6	是　否		
2	场景搭建（不计入时间）	1	是　否		
3	轨迹项目命名	1	是　否		
4	安全点设置（两处）	2	是　否		
5	偏移量设置	1	是　否		
6	步长设置	1	是　否		
7	规避所有轴超限点	2	是　否		
8	编译仿真程序	4	是　否		
素养与安全					
9	各项命名工作规范	1	是　否		
10	正确开展专业技术信息检索	1	是　否		
总得分					

参考文献

[1] 叶晖.工业机器人实操与应用技巧[M].北京：机械工业出版社，2017.
[2] 金文兵，许妍妩，李曙生.工业机器人系统设计与应用[M].北京：高等教育出版社，2018.
[3] 杨杰忠，王泽春，刘伟.工业机器人技术基础[M].北京：机械工业出版社，2017.
[4] 杨杰忠，王振华.工业机器人操作与编程[M].北京：机械工业出版社，2017.